WERKSTATTBÜCHER
FÜR BETRIEBSANGESTELLTE, KONSTRUKTEURE UND FACH-
ARBEITER. HERAUSGEGEBEN VON DR.-ING. H. HAAKE, HAMBURG

Jedes Heft 50—70 Seiten stark, mit zahlreichen Abbildungen

Die Werkstattbücher behandeln das Gesamtgebiet der Werkstatts-
technik in kurzen selbständigen Einzeldarstellungen: anerkannte Fachleute
und tüchtige Praktiker bieten hier das Beste aus ihrem Arbeitsfeld, um ihre
Fachgenossen schnell und gründlich in die Betriebspraxis einzuführen.

Die Werkstattbücher stehen wissenschaftlich und betriebstechnisch auf der
Höhe, sind dabei aber im besten Sinne gemeinverständlich, so daß alle im
Betrieb und auch im Büro Tätigen, vom vorwärtsstrebenden Facharbeiter bis
zum leitenden Ingenieur, Nutzen aus ihnen ziehen können.

Indem die Sammlung so den Einzelnen zu fördern sucht, wird sie dem Betrieb
als Ganzem nutzen und damit auch der deutschen technischen Arbeit im
Wettbewerb der Völker.

Einteilung der bisher erschienenen Hefte nach Fachgebieten

I. Werkstoffe, Hilfsstoffe, Hilfsverfahren Heft

Der Grauguß. 3. Aufl. Von Chr. Gilles	19
Einwandfreier Formguß. 3. Aufl. Von E. Kothny (Im Druck)	30
Stahl- und Temperguß. 3. Aufl. Von E. Kothny (Im Druck)	24
Die Baustähle für den Maschinen- und Fahrzeugbau. Von K. Krekeler	75
Die Werkzeugstähle. Von H. Herbers	50
Nichteisenmetalle I — Kupfer, Messing, Bronze, Rotguß —. 2. Aufl. Von R. Hinzmann	45
Nichteisenmetalle II — Leichtmetalle —. 2. Aufl. Von R. Hinzmann	53
Härten und Vergüten des Stahles. 5. Aufl. Von H. Herbers (Im Druck)	7
Die Praxis der Warmbehandlung des Stahles. 6. Aufl. Von P. Klostermann	8
Elektrowärme in der Eisen- und Metallindustrie. 2. Aufl. Von O. Wundram	69
Brennhärten. 2. Aufl. Von H. W. Grönegreß	89
Hitzehärtbare Kunststoffe — Duroplaste —. Von A. Nielsen †	109
Nichthitzehärtbare Kunststoffe — Thermoplaste —. Von H. Determann (Im Druck)	110
Die Brennstoffe. 2. Aufl. Von E. Kothny (Im Druck)	32
Öl im Betrieb. 3. Aufl. Von K. Krekeler u. P. Beuerlein (Im Druck)	48
Farbspritzen. 2. Aufl. Von R. Klose	49
Anstrichstoffe und Anstrichverfahren. Von R. Klose	103
Rezepte für die Werkstatt. 5. Aufl. Von F. Spitzer	9
Furniere—Sperrholz—Schichtholz I. 2. Aufl. Von J. Bittner	76
Furniere—Sperrholz—Schichtholz II. 2. Aufl. Von L. Klotz	77

II. Spangebende Formung

Die Zerspanbarkeit der Werkstoffe. 3. Aufl. Von K. Krekeler	61
Hartmetalle in der Werkstatt. Von F. W. Leier	62
Gewindeschneiden. 5. Aufl. Von O. M. Müller	1
Wechselräderberechnung für Drehbänke. 6. Aufl. Von E. Mayer	4
Bohren. 4. Aufl. Von J. Dinnebier	15
Senken und Reiben. 4. Aufl. Von J. Dinnebier	16
Innenräumen. 3. Aufl. Von A. Schatz	26

(Fortsetzung 3. Umschlagseite)

WERKSTATTBÜCHER
FÜR BETRIEBSANGESTELLTE, KONSTRUKTEURE UND FACH-
ARBEITER. HERAUSGEBER DR.-ING. H. HAAKE, HAMBURG
== HEFT 93 ==

Metallspritzen

Von

Karl Krekeler und **Karl Steinemer**
Dr.-Ing. habil.   Dipl.-Ing.
a. pl. Prof. a. d. T. H. Aachen

Mit 53 Abbildungen

Springer-Verlag
Berlin/Göttingen/Heidelberg
1952

ISBN 978-3-540-01666-3   ISBN 978-3-642-87475-8 (eBook)
DOI 10.1007/978-3-642-87475-8

Inhaltsverzeichnis.

	Seite
I. Einführung	3

1. Begriffsbestimmung S. 3. — 2. Geschichtlicher Rückblick S. 3. — 3. Entwicklungsmöglichkeiten S. 5.

II. Die Theorie des Metallspritzens 5

III. Die Metallspritzanlage 7

1. Der Spritzraum S. 7. — 2. Der Sandstrahlraum S. 8. — 3. Das Heizgas S. 8. — 4. Der Sauerstoff S. 8. — 5. Die Preßluft S. 8. — 6. Die Druckminderventile S. 9. — 7. Die Sandstrahlanlage S. 9. — 8. Der Exhaustor S. 9. — 9. Die Drahtabspulvorrichtung beim Verspritzen von Draht S. 10. — 10. Die Drehvorrichtung für die zu spritzenden Teile S. 10. — 11. Der zu verspritzende Draht und das zu verspritzende Pulver S. 10.

IV. Die Metallspritzpistolen 11
    A. Die Schmelzmetallspritzpistole 11
    B. Die Pulverspritzpistole 11

1. Das Schori-Verfahren S. 12. — 2. Das Colmonoy-Verfahren S. 13.

    C. Die Drahtpistole 14

1. Die gasbeheizten Pistolen und ihre gebräuchlichsten Ausführungen S. 14. — 2. Die elektrisch beheizten Pistolen S. 21.

    D. Zusatzeinrichtungen 23

1. Winkeldüsen S. 23. — 2. Düsenverlängerung S. 24.

V. Das Verfahren des Metallspritzens 24
    A. Die Vorbereitungen der zu bespritzenden Unterlage 24

1. Sandstrahlen mit Quarzsand S. 25. — 2. Strahlen mit Stahlsand S. 25. — 3. Beizen S. 25. — 4. Maschinelle Aufrauhungsverfahren S. 25 — 5. Aufrauhen mittels Ni-Elektrode und dem elektrischen Lichtbogen S. 26. — 6. Aufspritzen einer Haft- und Grundschicht S. 26.

    B. Das Aufbringen der Schichten 27

1. Handbetrieb S. 27. — 2. Spritzbedingungen bei Handbetrieb S. 27. — 3. Automatischer Betrieb S. 28. — 4. Der Wirkungsgrad beim Metallspritzen S. 28. — 5. Leistungen der Spritzpistolen S. 29. — 6. Schutzmaßnahmen S. 29.

    C. Das Messen der Schichtdicke 30
    D. Die Nachbehandlung der Schicht 30

1. Mechanische Verfahren S. 30. — 2. Thermische Verfahren S. 31.

VI. Die Eigenschaften der Spritzschichten 32

1. Das Gefüge der Schicht S. 33. — 2. Die Dichte S. 35. — 3. Die Dichtigkeit und Porosität S. 36. — 4. Die Härte S. 37. — 5. Die Haftfestigkeit (Biegewinkel) S. 37. — 6. Die Verschleißfestigkeit S. 38. — 7. Die Schrumpfung S. 39.

VII. Die Anwendungsgebiete des Metallspritzens 39
    A. Die Anwendung im Maschinenbau 39

1. Anwendung zur Ausbesserung verschlissener oder fehlerhafter Teile S. 39. — 2. Metallspritzen zum Verschleißschutz S. 41.

    B. Anwendung zum Zwecke des Korrosionsschutzes. Spritzen mit: 42

1. Zink S. 42. — 2. Aluminium S. 43. — 3. Kadmium S. 43. — 4. Nickel und säurebeständige Stähle S. 43. — 5. Messing S. 44. — 6. Kupfer S. 44. — 7. Bronze S. 44. — 8. Zinn S. 44. — 9. Blei S. 44. — Weißmetall S. 44.

    C. Metallisierung nichtmetallischer Stoffe 44
    D. Das Flammspritzen von Kunststoffen 44

1. Nach dem Schori-System S. 45. — 2. Nach Griesheim S. 46.

    E. Sonstige Spritzverfahren 46

VIII. Die Wirtschaftlichkeit des Metallspritzverfahrens 46

1. Einfluß der Werkstückgröße S. 46. — 2. Vergleich zwischen Spritz- und Anstricharbeiten S. 46. — 3. Die Kosten der Spritzauftragungen S. 47.

IX. Nachtrag 48

Alle Rechte, insbesondere das der Übersetzung in fremde Sprachen, vorbehalten.

I. Einführung.

1. Begriffsbestimmung. Das Wort „Metallspritzen" wird in der Technik oftmals für drei verschiedene Arbeitsverfahren gebraucht, und zwar:
  a) für das Spritzgießen (Druckguß),
  b) für das Spritzpressen (Fließpressen oder Kaltspritzen),
  c) für das hier zu behandelnde Metallspritzverfahren.

Um keine Mißverständnisse aufkommen zu lassen, ist es notwendig, diese drei Verfahren kurz zu kennzeichnen und nach den jetzt festgelegten Bezeichnungen zu benennen.

a) Spritzgießen. Hierbei wird der flüssige Werkstoff unter Druck durch eine Düse in eine Form gepreßt. Es entsteht so der bekannte Spritzguß, heute allgemein als *Druckguß*[1] bezeichnet.

b) Spritzpressen. Durch schlagartiges Pressen wird der kalte Werkstoff unter hohem Druck zum Fließen gebracht, um die vorhandene Form auszufüllen. Anwendungsgebiet ist die Herstellung von Tuben, Töpfen usw., jetzt *Fließpressen* oder *Kaltspritzen* genannt.

c) Metallspritzen. Hierbei wird der zu verarbeitende Werkstoff auf eine der später beschriebenen Arten geschmolzen, durch Druckluft oder Zusatz eines inerten Gases zerstäubt und auf einen anderen Gegenstand aufgespritzt. Es können hierbei Stahl, NE-Metalle und nichtmetallische Werkstoffe auf metallische oder nichtmetallische Unterlagen verspritzt werden.

In den beiden ersten Fällen spricht man allgemein von Metallspritzen, im letzten Fall präzisiert von Kunststoffspritzen, Emaille-Spritzen u.a.m.

2. Geschichtlicher Rückblick. Ursprünglich wurde das Metallspritzverfahren zur Herstellung von Metallpulver verwendet und erstmalig im Jahre 1882 durch DRP 24460 geschützt (Abb.1)[2]. Man ließ hochgespannte Gase oder Dämpfe aus einem Rohr austreten und goß in diesen Gasstrom flüssiges Metall (nur NE-Metalle), welches hierbei zerstäubt wurde. 10 Jahre später wurde als DRP 86983 (Abb.2)[2] eine Vorrichtung patentiert, bei der leichtschmelzbare Metalle in einem Kessel geschmolzen und mit hochgespanntem Dampf durch Injektorwirkung zerstäubt wurden.

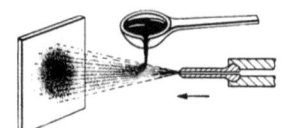

Abb. 1. Zerstäubung geschmolzener Metalle mittels hochgespannter Gase, DRP 24460 (1882).

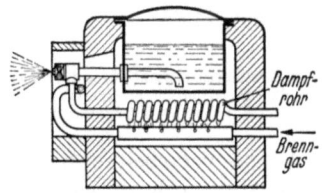

Abb. 2. Vorrichtung zur Herstellung von Metallstaub, DRP 86983 (1892).

Von anderer Art waren die mechanischen Zerstäubervorrichtungen wie z. B. die durch DRP 116798 vom Jahre 1899 geschützte Apparatur (Abb.3)[2]. Hierbei wird auf eine rotierende Scheibe flüssiges Metall gegossen. Durch die Fliehkraft wird dieses in Form feinster Metalltröpfchen nach außen über den Rand der Scheibe in ein Wassergefäß geschleudert. Wenn auch bei diesen Vorrichtungen schon angedeutet wurde, daß man durch Aufschleudern der Metallteilchen auf eine feste Wand poröse Schichten erzeugen könne, so wurde dieser Anwendung damals noch keine Bedeutung beigemessen. Vor allem

---
[1] VDI-Richtlinien 2501, März 1950.
[2] SCHOOP u. DAESCHLE: Handbuch der Metallspritztechnik. Zürich: Rascher 1935.

auch deshalb, weil die mit diesen Apparaten unabsichtlich erzeugten Metallschichten sehr unvollkommen waren.

Erst die deutschen Ingenieure FRANZ HERKENRATH und FELIX MEYER, beide aus Aachen und der schweizer Ing. M. U. SCHOOP, in Beuel geboren, versuchten unabhängig von den schon bestehenden Vorrichtungen, Metall zu zerstäuben und auf eine Wand aufzuschleudern mit dem Ziel, eine dichte, zusammenhängende Schicht zu erzeugen. Die ersten Versuche wurden mit ähnlichen Vorrichtungen wie die oben erwähnten gemacht (Abb. 4)[1]. Durch weitere Verbesserungen er-

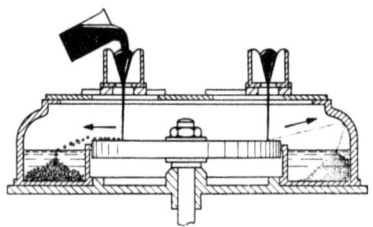

Abb. 3. Vorrichtung zur Herstellung von Metallpulver aus flüssigem Metall, DRP 116 798 (1899).

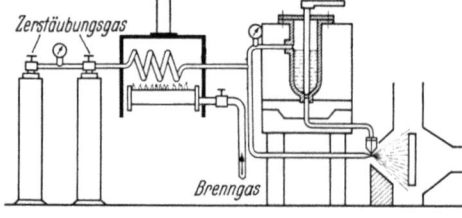

Abb. 4. Erste stationäre Metallspritzanlage (1910).

zielte SCHOOP auch schon brauchbare Ergebnisse. Ein großer Nachteil dieser mit flüssigem Metall arbeitenden Apparatur bestand darin, daß der zu überziehende Gegenstand an dem stationären Apparat vorbeigeführt werden mußte. Man ging nun dazu über, fein gepulvertes Metall als Ausgangsmaterial zu benutzen, um so die Apparatur beweglicher zu machen. Versuche, kaltes Metallpulver aufzuschleudern, scheiterten, da die Aufprallwucht allein nicht genügt, um die Metallteilchen so plastisch zu machen, daß sie einen dichten, fest haftenden Überzug bilden. Um dies zu erreichen, muß das Metallpulver entweder vorher erhitzt oder durch heiße Gase aufgeschleudert werden. Die Ausführungsformen der nun entwickelten Apparaturen unterschieden zwischen dem üblichen Sandstrahl- und dem Zyklon- oder Vakuumprinzip (Abb. 5)[1]. Sofern heute Metallpulverspritzapparate in Betrieb sind, arbeiten sie durchweg nach dem letzten System. Ein Teil der Preßluft wirbelt das Metallpulver auf, während der andere Teil es injektorartig ansaugt und nach Erhitzung mittels einer Flamme fortschleudert. Dieses Verfahren bezeichnet man als *Pulverspritzverfahren*.

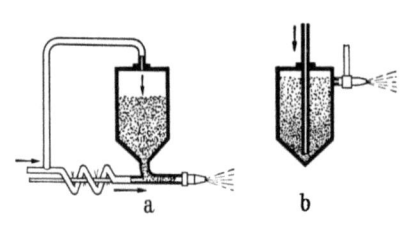

Abb. 5. Schematische Darstellung der Ausführungsarten des Metallpulverspritzverfahrens. a Sandstrahlprinzip, b Zyklonprinzip.

Die Entwicklung ging nun dahin weiter, daß man versuchte, die Werkstoffe, die sich zu Draht verarbeiten ließen, der Apparatur auch in Drahtform zuzuführen. Der Draht wurde durch eine Flamme geführt, geschmolzen und durch die konzentrisch zugeführte Druckluft zerstäubt und weggeschleudert. Es zeigte sich, daß mit diesem Verfahren sehr günstige Ergebnisse, sowohl in bezug auf die Güte der Schichten als auch auf die praktische Handhabung und Wirtschaftlichkeit erzielt wurden. Dieses *Drahtspritzverfahren* wurde dann eine längere Zeit hindurch fast ausschließlich angewendet. Erst in neuerer Zeit wurde das *Pulverspritzverfahren* weiterentwickelt, da mit diesem Verfahren auch solche Werkstoffe verspritzt werden können, deren Herstellung in Drahtform nicht möglich ist.

---

[1] SCHOOP u. DAESCHLE: Handbuch der Metallspritztechnik s. S. 3.

Wenn es die Wirtschaftlichkeit zuläßt, kann man statt Druckluft zur Verminderung der Oxydation auch ein inertes (untätig, träge, neutral) Gas benutzen (Spritzen mit Schutzgas). Eine Schutzwirkung ist aber auch schon durch entsprechende Einstellung der Heizflamme möglich (vgl. Abschn. VI, 1 S. 33).

3. Entwicklungsmöglichkeiten. Trotzdem das Metallspritzverfahren nun schon etwa 40 Jahre angewandt wird und ständig verbessert wurde, ist die Entwicklung noch lange nicht abgeschlossen. Im Gegenteil beginnen sich gerade jetzt durch das vermehrte Interesse, welches das Verfahren in der Industrie findet, neue Anwendungsmöglichkeiten abzuzeichnen. Erst in den letzten 20 Jahren werden auch Stähle verspritzt. Die deutsche Drahtindustrie liefert alle Stahldrähte bis zu einer Härte von 450 HB.

Eines dieser Anwendungsgebiete ist die erweiterte Einführung des Verfahrens in der *chemischen Industrie*. Diese stand dem Metallspritzen bisher noch abwartend gegenüber, da für die hohen Ansprüche bezüglich des Korrosionsschutzes die Dichtigkeit dünner Überzugsschichten ungenügend war. Dies traf vor allem für die Verbleiung und Verzinnung zu. Hier würden sich durch Verbesserung der Schichtdichten lohnende Anwendungsgebiete ergeben. Auch die stärkere Anwendung im *Maschinenbau*, die Metallisierung von *Kunststoffen* sowie das Verspritzen von Kunststoffen selbst nach dem Pulverspritzverfahren, sind Arbeitsverfahren, an deren Entwicklung und Verbesserung ständig gearbeitet wird. Es ist zu wünschen, daß die großen Vorteile des Verfahrens, vor allem in bezug auf Einfachheit und Wirtschaftlichkeit, von weiten Kreisen der Industrie erkannt werden, damit das Metallspritzen in der Fertigung und der Reparatur die Stelle einnimmt, die ihm seiner Bedeutung nach zukommt.

II. Die Theorie des Metallspritzens.

Man hat das Verfahren des Metallspritzens schon lange gekannt und angewendet, ehe man sich über die wirklichen Vorgänge hierbei klar geworden ist.

Zuerst nahm man an, daß die Metallteilchen in erstarrtem Zustand auf die Unterlage auftreffen[1]. Die ihnen erteilte kinetische Energie sollte sich dabei in Wärme umsetzen, wodurch die Teilchen für einen Augenblick plastisch würden, um zu einer zusammenhängenden Schicht zu verschweißen. Die Unrichtigkeit dieser Theorie läßt sich durch Berechnung der hierzu notwendigen Geschwindigkeit leicht nachweisen[2].

Die Energie, die zum Schmelzen der Metallteilchen notwendig ist, ergibt sich zu

$$\frac{p \cdot v^2}{2 \cdot 9{,}81 \cdot 427} = p\,[c\,(t_1 - t_2) + s].$$

Hierbei bedeuten:

p das Gewicht der Metallteilchen in g,
v die Geschwindigkeit der Metallteilchen in m/sec,
9,81 die Erdbeschleunigung in m/sec^2,
427 die Umrechnungszahl für Wärme und Arbeit: 1 cal = 427 g · m bzw. 1 kcal = 427 kg · m,
c die spez. Wärme des Metalls in cal je g und °C,
t_1 die Schmelztemperatur des Metalls in °C,
t_2 die Temperatur der auftreffenden Metallteilchen in °C,
s die Schmelzwärme des Metalls in cal je g.

---

[1] GÜNTHER-SCHOOP: SCHOOPsche Metallspritzverfahren. Stuttgart: Franckhsche Verlagshandlung.
[2] SCHOOP u. DAESCHLE: Handbuch der Metallspritztechnik s. S. 3.

Hieraus ergibt sich unter der Annahme, daß die Temperatur der auftreffenden Teilchen $t_2 = 70°C$ beträgt, für die Geschwindigkeit
$$v = 91{,}5\sqrt{c(t-70)+s}\,.$$
Diese Formel ergibt die nachfolgenden Geschwindigkeiten:
Blei 337 m/sec, Zink 763 m/sec, Kupfer 1046 m/sec, Zinn 446 m/sec, Aluminium 1274 m/sec.

Demgegenüber liegen die versuchsmäßig festgestellten tatsächlichen Geschwindigkeiten weitaus niedriger, z.B. für Zink bei etwa 140 m/sec [1,2].

Die *zweite* aufgestellte Theorie besagt ebenfalls, daß die Teilchen kalt auftreffen, jedoch wird das Zustandekommen einer zusammenhängenden Schicht auf eine überelastische Beanspruchung beim Aufprall, also eine Kaltverformung zurückgeführt. Diese Theorie findet man in den meisten Veröffentlichungen der Jahre 1920—30. Auch sie läßt sich einwandfrei widerlegen durch die Tatsache, daß gespritzte Eisenteilchen noch nach 2 m Flugweg leuchten und die Unterlage sich beim Bespritzen erwärmt. Durch optische Messungen wurde außerdem festgestellt, daß die Eisenteilchen während des Spritzens in der Spritzentfernung, also 100···200 mm hinter der Düse noch eine Temperatur von etwa 1000°C besitzen[3].

Eine *dritte* Theorie besagte, daß die Temperatur der aufprallenden Teilchen über dem Schmelzpunkt liegen müsse[2]. Diesem stehen erstens die oben angeführten Messungen entgegen und zweitens die Überlegung, daß das Metall sofort nach seinem Schmelzen durch die vorbeiströmende Preßluft abgerissen und schnell aus der Flammenzone geführt wird. Auf ihrem Wege erkalten die Metallteilchen außerdem noch. Eine Erhitzung über den Schmelzpunkt ist daher nicht möglich.

Die *neuerdings* aufgestellte Theorie behauptet wohl mit Recht, daß die Teilchen in hocherhitztem und daher plastischem Zustand auf die Unterlage aufprallen[3]. Dieses wird unter anderem dadurch bewiesen, daß die Metallteilchen in angespritztes Glas einbrennen, jedoch nur dann, wenn der Schmelzpunkt des verspritzten Metalls über dem Erweichungsgrad des Glases liegt. Bei metallischen Unterlagen tritt trotz des Auftreffens im hocherhitzten Zustand kein Verschweißen der Teilchen und keine Legierungsbildung auf, weil das vorüberstreichende Druckgas die Teilchen nach dem Auftreffen schnell abkühlt und diese Teilchen ihre hohe Temperatur daher nur zu einem geringen Teil, bedingt durch die kleine Korngröße, an die Unterlage abgeben können. Dies ist begründet in der hohen Wärmeübergangszahl von schnell strömender Luft auf eine senkrecht dazu stehende Wand. Man bezeichnet dies als Pralleffekt. Es ist versuchsmäßig festgestellt worden, daß sich die Teilchen beim Aufspritzen auf eine wärmeisolierende Unterlage fast genau so schnell abkühlen wie auf einer wärmeleitenden Unterlage.

Ein weiterer Beweis ist darin zu sehen, daß man brennbare Stoffe ohne weiteres bespritzen kann, allerdings nur mit niedrigschmelzenden Metallen. Bei Eisen dagegen wählt man einen größeren Spritzabstand, um ein Verbrennen oder ein Ansengen der Unterlage zu verhindern. Bei Kupfer und Silber wählt man ein feines Korn, da dieses eine kleinere Wärmemenge aufnimmt.

Auf dem Wege von der Pistole zur Unterlage kühlt das Druckgas die Metallteilchen nur wenig ab, weil sich Druckgas und Metallteilchen ohne Relativbewegung mit nahezu gleicher Geschwindigkeit fortbewegen. Außerdem ist die Flugdauer der Teilchen wegen des geringen Spritzabstandes (Abstand zwischen Düse der

---

[1] ARNOLD: Metallspritzverfahren. Angew. Chem. 99 (1917) S. 209.
[2] SCHENK, G.: Über die Haftfähigkeit und Dichte der nach dem SCHOOPschen Metallspritzverfahren hergestellten Schutzschichten. 1933. Berlin: Verlag Kück & Kubke.
[3] THORMANN, H. U.: Untersuchungen über das Metallspritzverfahren. Diss. T. H. Karlsruhe 1933.

Pistole und Werkstück) sehr kurz. Bei Zink beträgt sie z. B. bei einem Spritzabstand von 200 mm nur 0,0014 sec[1]. Hinzu kommt, daß die Preßluft in der Nähe der Düse ebenfalls eine höhere Temperatur hat.

Es wurde vielfach behauptet, daß die Teilchen durch den Einfluß der Luftreibung eine Stromlinienform annehmen[2]. Dies könnte jedoch nur der Fall sein, wenn die Metallteilchen sich in flüssiger Form durch ruhende Luft fortbewegen würden oder zumindest ihre Geschwindigkeit größer wäre als die der umgebenden Luft. Da diese Bedingungen jedoch keineswegs erfüllt sind, liegt die Annahme nahe, daß die Teilchen sich ohne Formänderung im Spritzstrahl bewegen, so wie sie vom Draht abgerissen werden bzw. beim Pulververfahren aus der Pistole austreten. Sie können je nach der Art des verspritzten Metalls unregelmäßige (z. B. Zink) oder auch runde Form haben (z. B. Kupfer). Durch eingehende Versuche wurde diese Annahme bestätigt[3] (kugelige oder spratzige Form).

Durch die Wucht des Aufprallens schlagen sich die plastischen Teilchen platt und dringen in alle Unebenheiten der Unterlage, mit der sie sich verklammern, ein. Die nächsten Teilchen verklammern sich wieder mit den vorhergehenden und hämmern sie noch fester aufeinander. Da kein Verschweißen mit der Unterlage auftritt, ist die Haftung

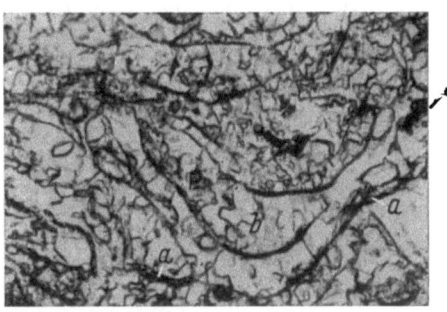

Abb. 6. Oxydeinschlüsse u. Poren zwischen den Spritzteilchen einer gespritzten Zinkschicht. $v = 500$ geätzt.
a Oxydeinschlüsse; b Spritzteilchen; c Pore.

nur mechanisch. Auch untereinander haften die Spritzteilchen nur infolge der Verklammerung. Zwischen den Teilchen befinden sich mehr oder weniger zahlreiche Oxydeinschlüsse und Poren (Abb. 6). Diese Oxyde entstehen bei der innigen Umspülung des hocherhitzten Metalls mit Luft. Bei neutraler oder reduzierender Flammeneinstellung ist die Oxydation nur gering, zumal die Zeit vom Abschmelzen der Teilchen bis zu ihrem Aufprallen nur etwa $1/1000$ bis $2/1000$ sec beträgt. Wenn allerdings mit Sauerstoffüberschuß gearbeitet wird, so nimmt die Oxydation schnell zu und kann so stark werden, daß die aufgespritzte Schicht unbrauchbar wird. Leichtmetall wird mit Gasüberschuß, Kupfer und seine Legierungen werden mit Sauerstoffüberschuß verspritzt. Die Oxydeinschlüsse können fein verteilt oder in Form von Nestern auftreten. Welchen Einfluß die Oxydeinlagerungen auf die Eigenschaften der Schicht haben, wird in dem Abschnitt über die Eigenschaften der Spritzschicht behandelt (vgl. Abschn. VI S. 32—39).

III. Die Metallspritzanlage.

1. Der Spritzraum. Für das Metallspritzen ist wegen des Metallstaubes und der Metalldämpfe ein besonderer Raum notwendig, der mit einer guten Entlüftung versehen sein muß. Die Größe des Raumes richtet sich nach den Abmessungen der zu bespritzenden Teile. Folgende Einrichtungen müssen vorhanden sein (Abb. 7): eine Spritzkabine mit Absaugeventilator für kleinere Teile, Azetylen-, Sauerstoff- und Preßluft-Anschlüsse sowie eine Drehvorrichtung zum Drehen

---

[1] ARNOLD: Metallspritzverfahren. Angew. Chem. 99 (1917) S. 209.
[2] REININGER: Wesentliche Merkmale gespritzter Metallüberzüge. Z. Metallkunde 1933, S. 42.
[3] THORMANN, H. U.: Untersuchungen über das Metallspritzverfahren s. S. 6.

der zu bespritzenden Teile. Wenn Draht verspritzt wird, ist eine Haspel vorzusehen, um einen glatten Ablauf des Drahtes zu ermöglichen.

2. Der Sandstrahlraum. Zur Vorbereitung von Oberflächen zum Metallspritzen wird meistens das Sandstrahlen benutzt. Hierfür ist wegen der umherfliegenden Sandkörner und des Staubes ein besonderer Raum nötig. Zweckmäßig werden die Wände des Raumes mit Blech- oder Gummiplatten ausgekleidet. Der Boden besteht aus einem Gitterrost, durch den der verbrauchte Sand fällt. Er kann dann hier aufgefangen und wieder verwendet werden. Zur Entlüftung des Raumes ist ein kräftiger Exhaustor mit einer Antriebsleistung von etwa 3 PS vorzusehen.

3. Das Heizgas. Die älteren Metallspritzanlagen arbeiteten meistens mit Wasserstoff/Sauerstoff- oder Leuchtgas/Sauerstoff-Flamme. Doch mit der Zeit hat sich wie auch in der Schweißtechnik die Azetylen/Sauerstoff-Flamme durchgesetzt. Das

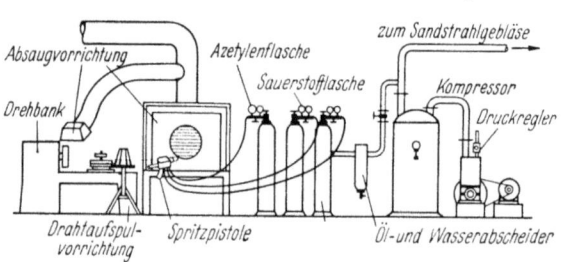

Abb. 7. Schematische Darstellung einer Metallspritzanlage.

Azetylen ist als Flaschengas überall erhältlich; sofern man nicht die Herstellung im eigenen Betrieb mittels Entwickler aus Karbid vorzieht. Die Azetylenentwickler[1] werden für die Schweißtechnik in den verschiedensten Formen gebaut, und es erübrigt sich, sie hier zu beschreiben. Für die Metallspritztechnik kommen wegen der benötigten hohen Gasdrücke bis 1,5 atü nur Hochdruckentwickler in Frage, die den notwendigen und eingestellten Druck unbedingt konstant halten. Ist dies nicht der Fall, so ist der Erfolg des Metallspritzens sehr in Frage gestellt. Wenn nicht ständig gespritzt wird, ist die Verwendung von Flaschengas (DISSOUS-Gas) vorteilhaft und bequem. Der hohe Flaschendruck wird durch ein Druckminderventil auf den Betriebsdruck von höchstens 1,5 atü reduziert.

Wegen der Explosionsgefahr des Azetylens bei höheren Drücken darf der Druck an der Pistole keinesfalls 1,5 atü überschreiten.

In einzelnen Fällen wird auch die *Propan*-Sauerstoff-Flamme verwendet. Die Belieferung mit Propangas ist überall gesichert.

4. Der Sauerstoff wird durchweg in Stahlflaschen von dem Herstellerwerk bezogen. Für Großverbraucher hat es sich bewährt, den Sauerstoff aus Gründen der Frachtersparnis in flüssiger Form in Tanks anzuliefern. Er wird dann mit besonderen Vergasern in gasförmigen Zustand überführt und durch Rohrleitungen oder in vorschriftsmäßigen Stahlflaschen an die Verbrauchsstelle gebracht. Der Sauerstoff muß den gleichen Reinheitsgrad wie beim Schweißen haben. Wie beim Azetylen muß auch hier mittels eines Druckminderventils der Flaschendruck auf die notwendige Höhe gemindert werden.

5. Die Preßluft wird sowohl zum Betrieb der Spritzanlage als auch der Sandstrahlanlage benötigt. Die genaue Verbrauchsmenge richtet sich nach der Art der verwendeten Anlagen, u. a. danach, ob der Draht in der Pistole mittels einer Preßluftturbine oder eines elektrischen Motors vorgeschoben wird. Um jedoch für alle Fälle gerüstet zu sein, ist es zweckmäßig, eine Preßluftmenge von 40 m³/h (auf den Ansaugezustand gerechnet) je Spritzpistole und mindestens 100 m³/h je Sandstrahlgebläse vorzusehen. Der Betriebsdruck soll 6 atü sein. Aus diesen Zahlen

---

[1] Siehe Werkstattbuch Heft 13.

ist zu ersehen, daß die Verwendung von Preßluft in Flaschen nicht in Betracht kommt, da eine Flasche bei 150 atü Druck nur 6 m³ Preßluft enthält. Die benötigte Preßluft muß also durch einen *Kompressor* erzeugt werden, wobei es gleichgültig ist, ob ein Kolben- oder Turbokompressor verwendet wird.

Der *Druck* wird durch ein Reduzierventil auf den Arbeitsdruck reduziert. Es ist unbedingt notwendig, daß der Preßluftdruck konstant gehalten wird und die Luft frei von Öl und Wasser ist. Daher müssen in die Preßluftleitung ein Windkessel von mindestens 500 l Inhalt zum Ausgleich der Druckschwankungen und ein Öl- und Wasserabscheider zum Reinigen der Luft eingeschaltet werden.

6. Die Druckminderventile sind für den Erfolg und für ein einwandfreies Arbeiten der Spritzpistole von besonderer Bedeutung. Zur Erzielung einer guten Spritzschicht müssen die vorgeschriebenen Drücke gleichbleibend eingehalten werden, da jede Druckschwankung sich auf die Flammenzusammensetzung und damit auf die Eigenschaften der gespritzten Schicht auswirkt, insbesondere dann, wenn es sich um ein Gleichdruckgerät und nicht um ein Injektorgerät handelt. Weiterhin sind genau arbeitende *Manometer* erforderlich, die den tatsächlichen Druck anzeigen. Dies ist vor allem zur Vermeidung von Flammenrückschlägen beim Anzünden der Pistole notwendig. Die älteren Pistolen arbeiten nach dem Gleichdruck- und die neueren nach dem Injektorsystem. Hierbei sind ungleiche Arbeitsdrucke, höhere Sauerstoffdrucke als Gasdruck einzustellen.

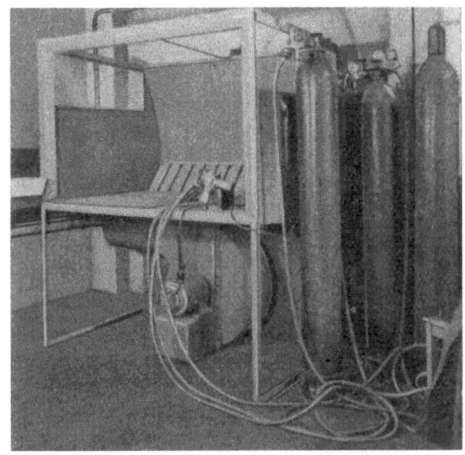

Abb. 8. Spritzkabine für Metallspritzarbeiten.

Schlecht arbeitende Ventile oder ungenau anzeigende Manometer sind in den meisten Fällen die Ursache für ein Versagen der Pistole und für sonstige Mißerfolge. Man muß daher auf die Qualität der Ventile größten Wert legen und es ist falsch, beim Anschaffungspreis zu sparen. Die Herstellerfirmen von Spritzpistolen liefern sehr oft die notwendigen Ventile selbst mit oder geben eine zuverlässige Lieferfirma an.

7. Die Sandstrahlanlage. Da sich das Sandstrahlverfahren zur notwendigen Aufrauhung der Oberfläche sehr gut eignet, ist eine entsprechende Anlage für den Spritzbetrieb vorzusehen. Ihre Größe und Art (Freistrahlgebläse oder Rotationstrommeln) hängt von den abzustrahlenden Teilen ab. Bei größeren Teilen ist das Freistrahlgebläse und bei kleinen Massenartikeln die Rotationstrommel vorzuziehen.

Die Sandstrahlgebläse (Freistrahlgebläse) arbeiten durchweg nach dem Drucksystem, d.h. ein Teil der Preßluft wird in den Sandbehälter geleitet, um auf den Sand zu drücken. Der Hauptteil strömt jedoch an der Sandaustrittsöffnung vorüber, wo sie den Sand durch Injektorwirkung ansaugt und mitreißt (Abb. 5 (a)).

Die Düsen sollen mindestens 500···700 Blasstunden ohne nennenswerte Aufweitung durchhalten, damit der Luft- und Sandstrom gleichmäßig bleibt. Die zu verwendende Sandart und Körnung wird in dem Abschnitt über die Vorbereitungsverfahren behandelt (S. 25).

8. Der Exhaustor ist in einem Metallspritzbetrieb zur Absaugung des Sand- und Metallstaubes unbedingt erforderlich. Noch günstiger ist es, zwei Exhaustoren anzubringen, einen stärkeren mit einer Antriebsleistung von etwa 3 PS für den

Sandstrahlraum und einen schwächeren mit etwa 2 PS für den eigentlichen Spritzraum.

Für das Spritzen kleiner Teile ist eine dreiseitige geschlossene Spritzkabine[1] mit festem Exhaustoranschluß zweckmäßig (Abb. 8). Die vierte Seite wird durch einen Vorhang abgeschlossen. Für das Aufspritzen von größeren Teilen wird die Anbringung einer beweglichen und ausziehbaren Saugleitung empfohlen, damit man unmittelbar an der Spritzstelle absaugen kann (Abb. 7). Der im Spritzraum abgesaugte Metallstaub wird in Staubfiltern aufgefangen und kann weiter verwendet werden. Dies ist besonders bei Pulverspritzanlagen und teuren Metallen sehr wirtschaftlich.

9. Die Drahtabspulvorrichtung beim Verspritzen von Draht. Um ein Ineinanderschlingen und Knicken des Spritzdrahtes und die damit verbundenen Stockungen in der Drahtzufuhr zu vermeiden, ist eine Abspulvorrichtung notwendig. Sie besteht entweder aus einer Kegeltrommel mit senkrechter Achse, um die der Drahtring gelegt wird (Abb. 9), oder aus einer Zylinderrolle mit waagerechter Achse und mit Seitenwänden, auf die der Draht nach Abnehmen einer Seitenwand aufgeschoben wird (Abb. 10). Die Trommel muß leicht laufen, damit der Draht ungehindert abrollen kann. Die Abspuleinrichtung kann von jedem Betrieb selbst angefertigt werden, andernfalls kann man sie aus der Drahtzieherei übernehmen.

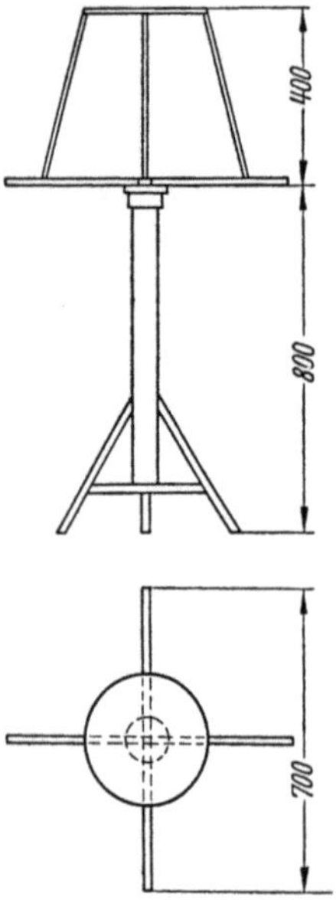

10. Die Drehvorrichtung ist notwendig, um zylindrische Teile gleichmäßig aufspritzen zu können. Hierzu kann man z. B. eine alte Drehbank verwenden, die außer der guten Geschwindigkeitsstufung auch noch den großen Vorteil hat, daß die Spritzpistole in den Werkzeugschlitten gespannt werden kann.

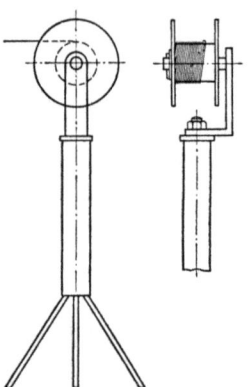

Zweckmäßig ist es, wenn eine waagerechte und eine senkrechte Dreheinrichtung vorhanden sind (Abb. 11). Dabei kann die senkrechte Spindel in einfacher Weise von einer im waagerechten Futter eingespannten Riemenscheibe aus angetrieben werden.

11. Der zu verspritzende Draht und das zu verspritzende Pulver. In den Drahtspritzpistolen können alle Metalle verspritzt werden, die in Drahtform erhältlich sind. Die

Abb. 9. Schematische Darstellung einer Drahtaufspulvorrichtung mit senkrechter Achse.

Abb. 10. Schematische Darstellung einer Drahtaufspulvorrichtung mit waagerechter Achse.

gebräuchlichsten Drahtdurchmesser liegen zwischen 1 und 3 mm. Der meistens verwendete Drahtdurchmesser beträgt 2 mm. Zur Erzielung eines gleichmäßigen und stetigen Drahtvorschubes müssen die verwendeten Drähte genau kalibriert und frei von Rost und Fett sein. Es ist Grundbedingung, daß der Spritzdraht von vornherein den Ansprüchen bezüglich Härte, Verschleißfestigkeit oder Korrosionsbeständigkeit genügt, die später an die Spritzschicht gestellt werden. Gute Spritzdrähte[2] werden von allen namhaften Drahtwerken und den Spritzpistolenherstellern geliefert.

---

[1] Siehe auch FRITZ, I. C.: Eine kombinierte Schweiß-Strahl- u. Spritzkabine. Maschine u. Werkzeug (1951) H. 22/23.

[2] Siehe auch FRITZ, I. C.: Über Spritzdrähte. Drahtwelt (1951) H. 11.

Für das *Pulverspritzverfahren* verwendet man sehr feinkörniges Metall- bzw. Kunststoffpulver. Je feinkörniger das Ausgangspulver ist, um so feinkörniger wird auch die Oberfläche der Schicht. In Pulverform können auch metallische oder nichtmetallische Werkstoffe verspritzt werden, die nicht in Drahtform erhältlich sind. Die hauptsächlich für das Metall-

Tabelle 1. Spez. Gewichte und Schmelzpunkte der für das Metallspritzverfahren gebräuchlichsten Metalle in Drahtform.

Werkstoff	Spez. Gewicht g/cm³	Schmelzpunkt C
Stahl . . .	etwa 8,0	1350···1450
Kupfer . .	8,93	1083
Bronze . .	etwa 8,7	900···1000
Messing . .	etwa 8,5	900···1000
Aluminium	2,7	658
Zink. . . .	7,13	420
Blei	11,34	327
Zinn. . . .	7,28	232

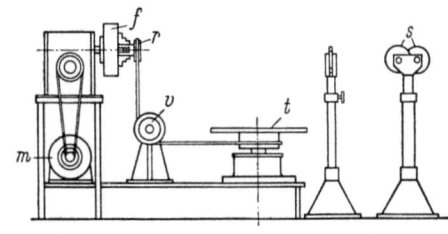

Abb. 11. Schematische Darstellung einer Drehvorrichtung mit waagerechter und senkrechter Achse. *m* Motor; *f* Spannfutter; *r* Riemenscheibe; *v* Vorgelege; *t* Aufspanntisch; *s* Stützrollen für lange Werkstücke.

spritzverfahren verwendeten Draht-Metalle sind in Tabelle 1 mit ihren spezifischen Gewichten und Schmelzpunkten zusammengefaßt. Siehe auch Nachtrag S. 48.

Außer den in den Tabellen genannten Werkstoffen werden noch viele Untergruppen von Legierungen verspritzt.

IV. Die Metallspritzpistolen[1].

A. Die Schmelzmetallspritzpistole.

Die Schmelzmetallspritzpistole, d.h. die Metallspritzpistole, die vom schon geschmolzenen Metall ausgeht, arbeitete ähnlich wie eine Farbspritzpistole. In einem Topf befand sich geschmolzenes Metall, welches durch das an der Austrittsöffnung vorbeiströmende Druckgas angesaugt, zersprüht und mitgerissen wurde. Sie war eine der ersten Entwicklungen und ist wegen ihrer unbequemen Handhabung heute nicht mehr in Anwendung.

B. Die Pulverspritzpistole.

Die Pulverspritzpistole war die nächste Entwicklung in der Metallspritztechnik (Abb. 12). In Deutschland ist die Pulverspritzpistole zur Zeit zwar noch nicht nennenswert im Gebrauch, dafür jedoch um so mehr

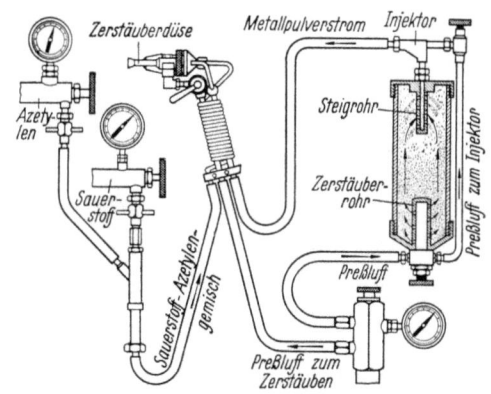

Abb. 12. Metallpulver-Spritzanlage von SCHOOP.

in England (Schori), Amerika (Colmonoy) und anderen Ländern. Die Entwicklung von Pulverspritzpistolen zum Verspritzen von Kunststoffen haben nunmehr auch die deutschen Firmen Griesogen, Frankfurt, Kriftelerstr. und Arbeitsgemeinschaft

---
[1] Siehe auch FRITZ, I. C.: Neue Spritzpistolen u. ihre Anwendung. Industrieanzeiger (1951) H. 83.

Biel-Elisental, Neuffen (Wttbg.) u. Neuenrade (Westf.) und Roland Fienemann, Hamburg, aufgegriffen, wodurch sich hier ein erweitertes Anwendungsgebiet ergeben wird. Bei dem Pulverspritzverfahren wird der Düse das durch die Preßluft angesaugte und mitgeführte metallische oder nichtmetallische Pulver zugeführt. Beim Verlassen der Düse wird es durch eine konzentrische Gas/Sauerstoff-Flamme geschmolzen und durch die Preßluft auf die Unterlage geschleudert.

Der Vorteil der Pulverpistole liegt darin, daß man mit ein und derselben Pistole sämtliche Metalle und sogar Kunststoffe verspritzen kann, ohne größere Veränderungen an der Pistole vorzunehmen. Weiterhin kann man bei dem Aufspritzen von größeren Flächen mit großen Düsen arbeiten und so eine größere Menge Metall in der Zeiteinheit verspritzen. Dies ist allerdings wegen der eintretenden Kontraktion, die später behandelt wird, begrenzt. Bei der Drahtpistole ist der Handbetrieb bei großen Drahtstärken durch das Gewicht begrenzt.

Eine gewisse Unsicherheit bei der Anwendung der Pulverpistole ist durch folgenden Umstand gegeben. Der Bedienungsmann hat nicht immer die Gewähr dafür, daß das durch die Flamme gehende Metallpulver auch wirklich geschmolzen wird. Bei unrichtiger Einstellung der Pistole oder schlechter Bedienung ist es sehr leicht möglich, daß zwar das Pulver durch die Flamme geht, jedoch infolge zu großer Geschwindigkeit oder zu schwacher Flamme *nicht geschmolzen*, sondern nur teigig, evtl. sogar nur erwärmt wird. Dies verschlechtert natürlich sehr die Güte der Schicht. Andererseits ist es auch möglich, daß das Pulver *zu stark* der Flamme ausgesetzt ist, und infolgedessen kräftig oxydiert. Dies wirkt sich ebenfalls sehr nachteilig für die Schichtgüte aus. Der erste Fehler tritt hauptsächlich bei hoch schmelzenden, der letzte bei niedrig schmelzenden Metallen auf. Es ist daher auf eine genaue Einhaltung der Spritzbedingungen zu achten.

1. Das Pulverspritzverfahren nach dem Schori-System[1] verwendet als Ausgangswerkstoff Metallpulver von sehr feiner Körnung. Es befindet sich in einem Behälter ähnlich einer Eieruhr. Ein durch Preßluft angetriebener Vibrator sorgt für einen sicheren Durchsatz des Pulvers innerhalb des Behälters.

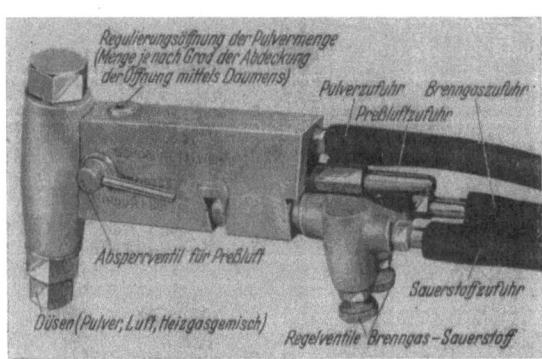

Abb. 13. Schori-Metallpulver-Spritzpistole.

Die *Pistole* (Abb. 13) wird mittels Sauerstoff und Azetylen bzw. Propan oder Leuchtgas beheizt. Die der Pistole zugeführte Preßluft strömt teils zu Kühlungszwecken durch eine Ringdüse und zum anderen Teil durch einen Injektor. Dieser ist mit dem Pulverbehälter verbunden. Jedoch ist diese Verbindung durch eine Bohrung an der Pistole unterbrochen. Im Betrieb saugt daher die Preßluft durch die Bohrung Außenluft an und erst dann, wenn die Bohrung durch den Bedienungsmann mit dem Daumen geschlossen wird, saugt die Preßluft das Metallpulver durch den Injektor an. Das Pulver wird mittels der Preßluft durch die ringförmige Flamme geführt und in dieser während des Durchganges bis zum Schmelzpunkt erhitzt. Anschließend schleudert die Preßluft die einzelnen Teilchen in der gleichen Art wie bei den Drahtspritzpistolen auf die zu bespritzende

---

[1] Schori Metallising Process Ltd. Brent Crescent, North Circular Road. London, N. W. 10.

Die Pulverspritzpistole.

Tabelle 2. Angaben über Flammeneinstellung, Verbrauch und Leistung der Metallpulver-Spritzpistole nach Schori.

Werkstoff	Azetylendruck	Sauerstoffdruck	Preßluftdruck	Verbrauch[1] an			Leistung		
				Azetylen	Sauerstoff	Preßluft	Gewicht des verspritzten Pulvers	Bedeckte Fläche bei 0,1 mm Schichtstärke	Spritzzeit bei 0,1 mm Schichtstärke
	atü	atü	atü	m³/h	m³/h	m³/h	kg/h	ca. m²/h	ca. min/m²
Gußeisen . . .	0,42	2,1	0,7···1	—	—	—	3,3	1,2	50
Stahl	0,42	2,1	0,7···1	—	—	—	3,3	1,2	50
Nickel	0,42	2,1	0,7···1	—	—	—	3,3	1,2	50
Kupfer . . .	0,42	2,1	1,0	—	—	—	3,4	1,3	46
Bronze	0,42	2,1	1,0	—	—	—	3,4	1,3	46
Messing . . .	0,42	2,1	1,0	—	—	—	3,4	1,3	46
Aluminium und Al-Legierung	0,42	2,1	1,4···2,1	—	—	—	2,9	8,0	7,5
Zink	0,42	2,1	2,8···3,5	1,3	1,4	26	10,0	10,0	6
Zinn	0,35	1,4···1,7	3,5···4,2	—	—	—	9,5	9,0	6,6
Blei	0,35	1,4	3,5···4,2	—	—	—	11,0	6,5	9,1

Unterlage. Nach dem Schori-System können alle Metalle bis zu einem Schmelzpunkt von 1600° verspritzt werden (Tab. 2). Das Spritzen von *Kunststoffen* nach dem Schori-Verfahren wird in einem späteren Abschnitt behandelt.

2. **Das Pulverspritzverfahren nach dem Colmonoy-System**[2] wurde in Amerika entwickelt und stellt eine Verbindung zwischen Metallspritzen und Schweißen dar. Auf Werkstücke aus den verschiedensten Grundmetallen wird eine besondere Hartlegierung (Tab. 3) bis zu 2 mm Schichtstärke aufgespritzt. Diese Hartlegierung

Tabelle 3. Die wichtigsten Daten der gebräuchlichsten Colmonoy-Hart-Legierungen[3].

Pulver-Nr.	Härte-Rockwell C	Spez. Gew.	Schmelzpunkt °C	Ungefähre Zusammensetzung in v. H.				Bearbeitung
				Ni	Cr	Be	Fe + C + Si höchstens	
6	56···62	7,8	1050	65···75	13···20	2,75···4,75	10	nur durch Schleifen
5	45···50	8,02	1093	71···81	10···17	2···4	9	Hartmetall-Werkzeuge
4	35···40	8,22	1150	75···85	8···14	2···3	8	Hartmetall-Werkzeuge

diffundiert in den Haftgrund, besitzt eine große Härte (35···62 Rockwell C bzw. 335···620 kg/mm² Brinellhärte) und ist in hohem Maße korrosionsbeständig. Der Ausdehnungskoeffizient ist etwa dem des austenitischen Stahles gleich. Das Verfahren besteht aus drei Arbeitsgängen:

1. Vorbehandlung: Säubern und mäßig aufrauhen.
2. Aufspritzen. Zur Vermeidung von Rißbildungen infolge Volumenkontraktion beim Aufschmelzen wird empfohlen, keine stärkeren Schichten als 2 mm zu spritzen.
3. Aufschmelzen und gleichzeitiges Diffundieren. Behandlungstemperatur 1000···1150°C.

---
[1] Nur für Zink bekannt.
[2] Entwickelt von der Walt-Colmonoy Corporation, Detroit USA.
[3] REININGER: Neuartige Spritzschweißverfahren. Metalloberfläche 4 (1950) H. 7.

Der Schmelzpunkt des Grundwerkstoffes muß daher über 1200°C liegen. Wesentlich ist beim Aufschmelzen der Colmonoy-Legierungen, daß bei den Diffusionstemperaturen keine tropfbar flüssige Phase gebildet wird, sondern eine teigige, hochplastische. Dadurch wird ein Abtropfen vermieden. Nach diesen drei Behandlungen wird die Schicht durch Schleifen fertig bearbeitet.

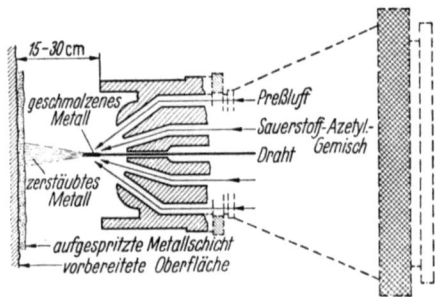

Abb. 14. Düsensystem einer gasbeheizten Drahtspritzpistole.

C. Die Drahtspritzpistole.

1. Die gasbeheizten Pistolen und ihre gebräuchlichsten Ausführungen. Im Zuge der Weiterentwicklung der Pulverspritzapparatur kam man zur Drahtspritzpistole. Der Werkstoff wird bei dieser Pistole in Drahtform zugeführt. Mittels einer eingebauten Preßluftturbine, eines angebauten Elektromotors oder auch einer biegsamen Welle werden gerändelte Vorschubrollen angetrieben, die den Draht erfassen und durch die Pistole führen. Beim Austritt aus der Drahtdüse gelangt der Draht in die konzentrisch brennende Autogenflamme und wird abgeschmolzen. Durch einen um die Flamme strömenden Preßluftmantel wird das abschmelzende Metall sofort erfaßt, zer-

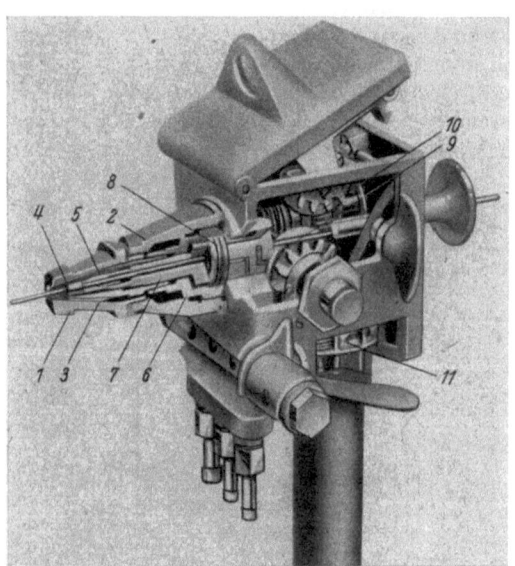

Abb. 15. Innenansicht einer Drahtspritzpistole mit Turbinenantrieb (Herkenrath).
1 Luftdüse; 2 Lufttrichter; 3 Gashülse mit Luftkanälen; 4 Gasdüse mit 4 Bohrungen; 5 Drahtdüse; 6 Düsenkopf; 7 Drahtführungsschaft; 8 Gasmischplatte; 9 Transportrollen; 10 Rollscheibe; 11 Preßluftturbine.

Abb. 16. Drahtspritzpistole „Elisental".

stäubt und auf die Unterlage geschleudert (Abb. 14). Die Nachteile der Pulverspritzpistole fallen hier fast vollständig fort, da der Werkstoff nur dann ordnungsgemäß verspritzt werden kann, wenn er sich im geschmolzenen Zustande befindet. Läuft der Draht zu schnell, so wird das Metall nicht oder nur z. T. geschmolzen und tritt wieder als Draht aus der Flamme aus. Neuere Pistolenarten arbeiten daher mit synchronischer Drahtvorschubeinstellung.

Läuft der Draht zu langsam durch die Pistole, so wird das Metall nur so schnell geschmolzen wie es in die Flamme gelangt und sofort zerstäubt. Es verringert sich in beiden Fällen die Menge des verspritzten Metalls. Obwohl auch bei der Drahtpistole eine falsche Einstellung ungünstig auf die Güte der Schicht wirkt, ist diese Gefahr nicht zu groß, da das auftreffende Metall auf jeden Fall den geschmolzenen Zustand durchlaufen hat und eine falsche Einstellung sich sofort an der Körnigkeit der Schicht zeigt. Die Pistole muß so eingestellt werden, daß der Draht gleichmäßig vorgeschoben und 2···3 mm vor der Düse abgeschmolzen wird. Ein Nachteil der Drahtpistole liegt darin, daß im Handbetrieb die Pistolenleistung durch die Drahtstärke begrenzt ist. Bei einer Drahtstärke über 2 mm, allenfalls 3 mm, wird die Pistole zu schwer und unhandlich. Im maschinellen Betrieb kann natürlich bei mechanischer Halterung eine wesentlich größere Drahtstärke verspritzt werden.

Eine Erschwernis liegt bei vielen gasbeheizten Pistolen darin, daß sie mit einem *Gleichdruck-Düsensystem* arbeiten, d. h. Gas und Sauerstoff werden mit nahezu gleichem Druck ohne Injektorwirkung in eine Mischkammer des Düsensystems geleitet und treten dann erst durch die Gasdüse aus. Die neueren Pistolen arbeiten mit Injektor und Mischkammer.

Bei größeren Druckunterschieden, die manchmal durch schlecht arbeitende Reduzierventile oder ungenau anzeigende Manometer auftreten, ist ein Flammenrückschlag unvermeidlich. Daher muß man in die Gas- und Sauerstoffleitung Rückschlagpatronen einsetzen. Von verschiedenen Seiten wird angestrebt, die Metallspritzpistolen, wie in der Schweißtechnik, mit Injektordüsen zu versehen. Aber auch in diesem Fall muß der Azetylendruck nach oben mit 1,5 atü begrenzt werden, um unter der Explosionsgrenze zu bleiben.

Im nachfolgenden werden in alphabetischer Reihenfolge die gebräuchlichsten Metallspritzpistolen beschrieben. Bei jeder Pistole werden die Werte für die Einstellung der Flamme, des Vorschubs und des Verbrauches, die auf Grund von Versuchen und praktischen Erfahrungen ermittelt wurden, angegeben[1].

Tabelle 4. Angaben über Flammeneinstellung, Vorschub und Verbrauch der Drahtspritzpistole System „Elisental".

Werkstoff	Draht⌀	Drahtvorschub	Azetylendruck	Sauerstoffdruck	Preßluftdruck	Verbrauch an		
						Azetylen	Sauerstoff	Preßluft
	mm	m/min	atü	atü	atü	m³/h	m³/h	m³/h
Hochleg. Stahl..	1	2,0···2,5	1···1,3	3,5	3,5···3,8	0,6	0,86	28
Niedrigleg. Stahl..	1	2,0···2,5	1···1,3	3,5	3,5···3,8	0,6	0,86	28
Kupfer..	1	3,0···3,5	0,9···1,1	3,0	3,5···3,8	0,5	0,80	28
Bronze..	1	3,0···3,5	0,9···1,1	3,0	3,5···3,8	0,5	0,80	28
Messing..	1	3,0···3,5	0,9···1,1	3,0	3,5···3,8	0,5	0,80	28
Aluminium u. Al-Leg.	1,5	3,8	0,8	2,8	3,5···3,8	0,5	0,75	28
Zink...	1,5	5,5	0,8	2,9	3,5···3,8	0,5	0,75	28
Blei...	2	6,7	0,6	2,5	3,5	0,43	0,70	25
Zinn...	2	6,5	0,6	2,5	3,5	0,43	0,70	25

---

[1] Die Unterlagen wurden von den Herstellern der Spritzpistolen freundlichst zur Verfügung gestellt.

a) Deutsche Metallspritzpistolen. *Die Metallspritzpistole „Elisental"* (Abb. 16) der Firma Drahtwerke Elisental[1], Neuenrade, kann Drähte aller Metalle mit einem Durchmesser von 1, 1,5 und 2 mm verspritzen. Der Draht wird durch eine Turbine, die mittels Preßluft angetrieben wird, vorgeschoben (Tab. 4).

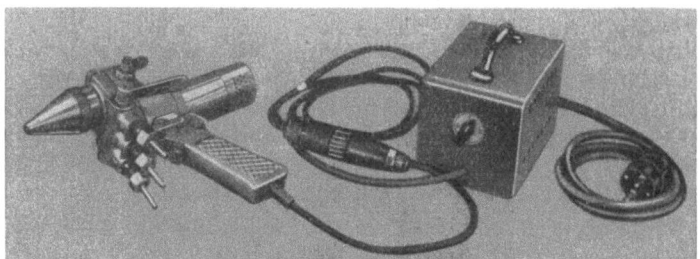

Abb. 17. Drahtspritzpistole „Esser".

Die Metallspritzpistole „Esser" (Abb. 17) der Firma Paul Esser[2], Wuppertal, verspritzt Drähte von 2 mm ⌀. Der Draht wird hier über ein Getriebe durch einen kleinen angeflanschten 42-V-Elektromotor vorgeschoben. Der Vorschub läßt sich in geringen Grenzen durch Umschaltung des Transformators verändern. Bei größeren Unterschieden muß das Getriebe gewechselt werden. Mit vier vorgesehenen Getrieben und der Feineinstellung am Trafo läßt sich jeder benötigte Vorschub einstellen (Tab. 5).

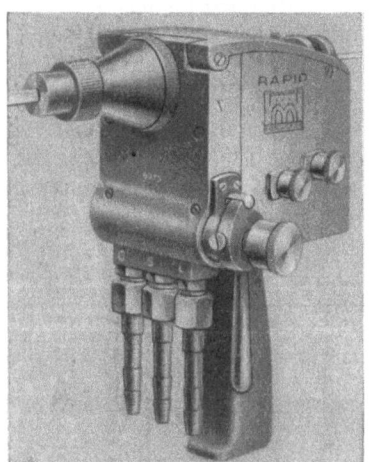

Die Metallspritzpistole „Metallisator Rapid", Berlin (Abb. 18) der Fa. Metallisator[3], Berlin, verspritzt Drähte von 2 mm Durchmesser. Mit anderen Düsen können jedoch

Abb. 18. Drahtspritzpistole „Metallisator Rapid", Berlin.

Abb. 19. Metallspritzpistole „Schliha".

auch Drähte von 1,5···4 mm Durchmesser verspritzt werden. Der Draht wird über ein Getriebe mittels einer Preßluftturbine oder einer biegsamen Welle vorgeschoben. Einstell-, Verbrauchs- und Leistungsangaben gibt die Tabelle 9 (S. 20) der Metallspritzpistole „Metallisator Rapid", Wien. Dies ist die gleiche Pistole; sie wird in Lizenz gebaut.

Die Metallspritzpistole „Schliha" (Abb. 19 u. 20) ist eine Konstruktion der Fa. Schliha[4], Berlin-Adlershof. Diese Pistole ist mit einer Injektordüse ausgestattet.

---

[1] Fa. Drahtwerk Elisental, Inh. W. Erdmann, Neuenrade (Westf.).
[2] Fa. Paul Esser, Oberflächentechn. Metallschutz, Wuppertal-Elberfeld, Untergrünewalderstr. 5.
[3] Fa. Metallisator, Berlin A.-G. Berlin-Neukölln, Lahnstr. 25—27.
[4] Fa. „Schliha" Schlüpmannsche Industr. u. Handelsges. Berlin-Adlershof, Adlergestell 265.

Die Drahtspritzpistole.

Tabelle 5. Angaben über Flammeneinstellung Vorschub und Verbrauch der Metallspritzpistole „Esser".

Werkstoff	Draht-⌀ mm	Draht-vor-schub m/min	Aze-tylen-druck atü	Sauer-stoff-druck atü	Preß-luft-druck atü	Verbrauch an		
						Aze-tylen ca. m³/h	Sauer-stoff ca. m³/h	Preß-luft ca. m³/h
Hochleg. Stahl .	2	1,1	1,25	1,25	3,5···4	1,5	0,25 bis 0,75	12
Niedrigleg. Stahl	2	1,2	1,25	1,25	3,5···4	1,5	,,	12
Kupfer	2	1,75	1,25	1,25	3,5···4	1,5	,,	12
Bronze	2	1,75	1,25	1,25	3,5···4	1,5	,,	12
Messing	2	2,0	1,25	1,25	3,5···4	1,5	,,	12
Al. u. -Leg. . .	2	4,0	1,25	1,25	3,5···4	1,5	,,	12
Zink	2	6,0	1,25	1,25	3,5···4	1,5	,,	12
Blei	2	8,0	1,25	1,25	3,5···4	1,5	,,	12
Zinn	2	9,5	1,25	1,25	3,5···4	1,5	,,	12

Das bedeutet, daß das Brenngas in einer entsprechend konstruierten Düse injektorartig angesaugt wird. Die Pistole verspritzt Drähte von 2 mm Durchmesser. Der Draht wird über ein Mehrganggetriebe mittels eines Elektromotors vorgeschoben. Die Feineinstellung der Vorschubgeschwindigkeit bewirkt ein Fliehkraftregler (Tab. 6).

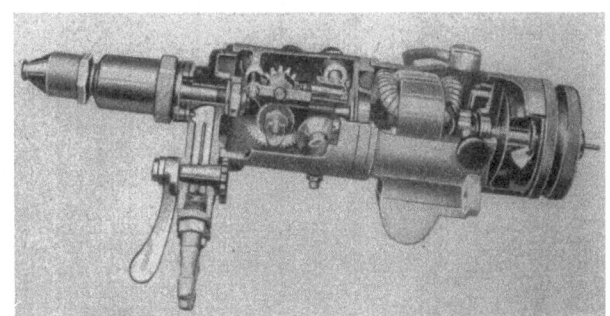

Abb. 20. Schnitt durch die „Schliha-Spritzpistole".

Die Metallspritzpistole „SMS" (Abb. 21) ist eine Neukonstruktion der Schliha-Pistole, die von der in die Westzonen verlegten Fa. Schlüpmann[1], Menden, herausgebracht wurde. Sie ist ebenfalls mit einer Injektordüse ausgestattet und hat Regulierventile für die Feineinstellung der Flamme. Die Pistole verspritzt Drähte von 2 mm Durchmesser. Der Draht wird wie bei der „Schliha"-Pistole über ein Mehrganggetriebe mittels eines Elektromotors vorgeschoben

Abb. 21. Drahtspritzpistole „SMS".

und die Vorschubgeschwindigkeit durch einen Fliehkraftregler fein eingestellt (Tab. 7).

---

[1] Fa. Schlüpmann, Menden, Kreis Iserlohn.

Die Metallspritzpistolen.

Tabelle 6. Angaben über Flammeneinstellung Vorschub und Verbrauch der Metallspritzpistole „Schliha".

Werkstoff	Draht-⌀ mm	Draht-vorschub m/min	Azetylendruck atü	Sauerstoffdruck atü	Preßluftdruck atü	Verbrauch an		
						Azetylen m³/h	Sauerstoff m³/h	Preßluft m³/h
Stahl, hoch- u. niedrigleg.	2	1,0	1,5	1,5	2,5	1,96	1,1	30
Kupfer...	2	1,35	1,5	1,5	2,5	1,96	1,1	30
Bronze..	2	1,4	1,5	1,5	2,5	1,8	1,1	30
Messing..	2	1,4	1,5	1,5	2,5	1,8	1,1	30
Al. u. -Leg.	2	3,9	1,5	1,5	2,5	1,63	1,1	30
Zink...	2	4,0	0,9	0,9	2,5	1,63	0,9	30
Blei...	2	7,25	0,6	0,6	2,5	1,63	0,9	30
Zinn...	2	9,0	0,5	0,5	2,5	1,63	0,9	30

Tabelle 7. Angaben über Flammeneinstellung, Vorschub und Verbrauch der Metallspritzpistole „SMS".

Werkstoff	Draht-⌀ mm	Draht-vorschub m/min	Azetylendruck atü	Sauerstoffdruck atü	Preßluftdruck atü	Verbrauch an		
						Azetylen m³/h	Sauerstoff m³/h	Preßluft m³/h
Hochleg. Stahl / Niedrigleg. St.	2	1,2	1,5	1,7	4,5	1,71	1,2	22
Kupfer...	2	1,5	1,5	1,7	4,5	1,71	1,2	22
Bronze...	2	1,6	1,5	1,7	4,5	1,71	1,2	22
Messing...	2	1,75	1,5	1,7	4,5	1,71	1,2	22
Al. u.-Leg...	2	4,0	1,5	1,7	4,5	1,71	1,2	22
Zink....	2	4,4	1,5	1,7	4,5	1,71	1,2	22
Blei....	2	11,3	1,5	1,7	4,5	1,71	1,2	22
Zinn....	2	12,1	1,5	1,7	4,5	1,71	1,2	22

Tabelle 8. Angaben über Flammeneinstellung, Vorschub und Verbrauch der Metallspritzpistole „Torpedo-Universal".

Werkstoff	Draht-⌀ mm	Drahtvorschub m/min	Azetylendruck atü	Sauerstoffdruck atü	Preßluftdruck atü	Verbrauch an		
						Azetylen m³/h	Sauerstoff m³/h	Preßluft m³/h
Stahl..	3	0,92	1,2···1,4	2,0···3,0	3,0···4,0	0,22···0,28	0,45···0,65	18
Kupfer.	3	1,40	1,2	1,9	3,5	0,22	0,45	18
Messing.	3	1,53	1,4	2,2	3,0···3,5	0,28	0,5	18
Bronze..	3	1,57	1,4	2,2	3,0···3,5	0,28	0,5	18
Aluminium	3	2,34	1,4	1,7	3,0	0,28	0,4	18
Zink...	3	3,41	1,3	1,5	3,2	0,24	0,3	18
Blei...	3	6,00	0,9···1,2	1,0···1,3	2,5···3,0	0,12	0,2	18
WM 80..	3	6,2	0,9	1,0	2,8	0,11	0,2	18
Zinn...	3	6,33	0,6···0,8	0,9	3,0	0,1	0,2	18

Die Werte für Blei, Weißmetall und Zinn gelten für die Verwendung von Wasserstoff als Heizgas. Verhältnis: Sauerstoff: Azetylen = $O_2:C_2H_2 \simeq 1,4\cdots1,9$.

Die Metallspritzpistole "Torpedo-Universal" (Abb. 22), die von der Firma Roland Fienemann[1], Hamburg, hergestellt wird, hat im Gegensatz zu der früher von dieser Firma gebauten Pistole *"Torpedo-Elektra"* keinen angebauten Elektromotor mehr, sondern das Vorschubgetriebe wird über eine biegsame Welle durch einen getrennt stehenden Motor angetrieben. Der Vorschub wird synchronisch eingestellt und entspricht dadurch selbsttätig der günstigsten Betriebsweise. Mit den entsprechenden Düsen können Drähte von 2 bis 5 mm Durchmesser verspritzt werden. Die Pistole ist mit Injektor-Düsen ausgestattet, für die Feineinstellung der Flamme sind Mengen-Regelventile angebracht. Der hellgrüne Flammenkern wird so eingestellt, daß der Punkt der höchsten Flammentemperatur 3 mm vor der Austrittsdüse liegt. Durch diese Maßnahme wird die wirtschaftlichste Ausnutzung der Flamme gesichert. Die Flamme

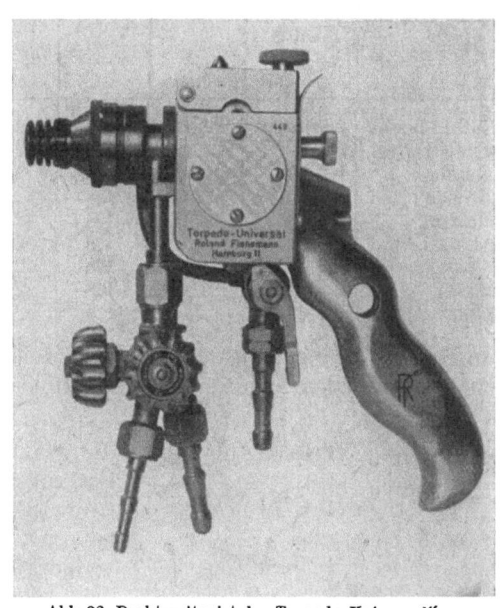

Abb. 22. Drahtspritzpistole "Torpedo-Universal".

kann je nach Bedarf mit Sauerstoff-Unter- oder Überschuß eingestellt werden. Die Leistungen dieser Pistole sind in Tabelle 8 für einen Drahtdurchmesser von 3 mm angegeben. Bei größerem Drahtdurchmesser (bis 5 mm) sind die Leistungen je mm größerer Drahtdicke um etwa 90% größer. Als Zusätze gehören zu dieser Pistole noch Schmalstrahl-, Flachstrahl- und Winkeldüsen (vgl. S. 23).

Die Firma Fienemann baut neben der eben beschriebenen noch eine *Metall-, Kunststoff- und Hartgummi-Pulverspritzpistole "Torpedo-Gigant"* (Abb. 23), die vorwiegend für den Korrosionsschutz verwendet wird. Diese Pistole sei hier erwähnt, obwohl das Pulverspritzen auf S. 12 besprochen wurde, während das Kunststoffspritzen erst auf S. 45 behandelt wird. Sie arbeitet ebenfalls für das Gasgemisch nach dem Injektorsystem und besitzt auch Mengenregelventile zur Feineinstellung der Flamme. Für das Pulver-Luft-Gemisch kommt ein

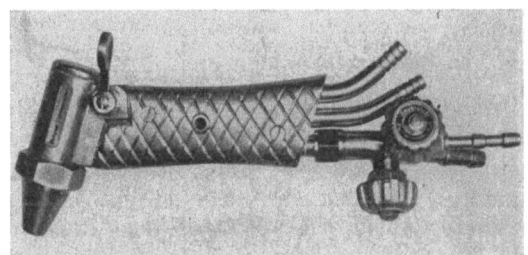

Abb. 23. Metall-, Kunststoff- u. Hartgummi-Pulver-Spritzpistole "Torpedo-Gigant".

Drucksystem zur Anwendung. Eine vollständige Pulverspritzanlage besteht aus Pistole, Wasser- und Ölabscheider mit Filtereinsatz für die Preßluft, zwei Reduzierventilen und dem Pulveraufnahmebehälter nebst Rohr- und Schlauchverbindungen, mit denen sie an Preßluft und Brenngas, sowie bei Metallpulver auch

---

[1] Fa. Roland Fienemann, Fa. der "Torpedo" Schweiß-, Schneid- und Löteinrichtungen, Hamburg 11, Rödingsmarkt 79.

Tabelle 9. Angaben über Flammeneinstellung, Vorschub und
Verbrauch der Metallspritzpistole „Metallisator Rapid Wien"

Werkstoff	Draht-⌀ mm	Draht-vorschub m/min	Propandruck atü	Sauerstoffdruck atü	Preßluftdruck atü	Verbrauch an		
						Propan m³/h	Sauerstoff m³/h	Preßluft m³/h
Stahl, hoch-	2,0⋯3,25	1,0	1,8	2,0	2,8⋯3,2	0,65⋯0,75	3,0⋯3,5	30
u. niedrigleg.	2,0⋯3,25	1,0	1,8	2,0	2,8⋯3,2	0,65⋯0,75	3,0⋯3,5	30
Kupfer . .	1,5⋯4,0	2,0	1,8	2,0	2,8⋯3,2	0,65⋯0,75	3,0⋯3,5	30
Bronze . .	1,5⋯4,0	2,0	1,8	2,0	2,8⋯3,2	0,65⋯0,75	3,0⋯3,5	30
Messing .	1,5⋯4,0	2,0	1,8	2,0	2,8⋯3,2	0,65⋯0,75	3,0⋯3,5	30
Al. u. -Leg.	1,5⋯4,0	3,5	1,8	2,0	2,8⋯3,2	0,65⋯0,75	3,0⋯3,5	30
Zink . . .	1,5⋯4,0	6,0	1,8	2,0	2,8⋯3,2	0,65⋯0,75	3,0⋯3,5	30
Blei . . .	1,5⋯4,0	6,0	1,8	2,0	2,8⋯3,2	0,65⋯0,75	3,0⋯3,5	30
Zinn . . .	1,5⋯4,0	6,0	1,8	2,0	2,8⋯3,2	0,65⋯0,75	3,0⋯3,5	30

an Sauerstoff angeschlossen wird. Die Leistungen dieser Pulverspritzpistole entsprechen etwa denjenigen einer Drahtpistole mit einem Draht von 2 mm Durchmesser.

b) **Österreichische Metallspritzpistolen.** *Die Metallspritzpistole „Metallisator Rapid, Wien"* (Abb. 24) ist die gleiche Drahtspritzpistole wie die deutsche Spritzpistole „Metallisator Rapid, Berlin" (Abb. 18). Sie wird von der Fa. Rudolf Rengshausen[1], Wien, in Lizenz hergestellt. Die Pistole verspritzt Metalldrähte von 1,5⋯4 mm Durchmesser und Stahldrähte von 2⋯3,25 mm Durchmesser. Der Draht wird mittels einer Preßluftturbine oder einer biegsamen Welle über ein Getriebe vorgeschoben. Durch zwei auswechselbare Wechselrädersätze läßt sich der Vorschub in vier Hauptgeschwindigkeiten einstellen. Die Feineinstellung erfolgt durch eine Drosselschraube.

Abb. 24. Drahtspritzpistole „Metallisator-Rapid Wien". (Lizenzbau der Fa. Rudolf Rengshausen, Wien.)

Die Pistole kann mit Düsen für Propan, Erdgas, Leuchtgas oder Azetylen geliefert werden. Die Normalausführung ist für die Verwendung von Propan eingerichtet (Tab. 9).

c) **Schweizerische Metallspritzpistolen**[2]. *Die Color-Metallspritzpistole „Color-Metall GP_2"* (Abb. 25) ist eine gasbeheizte Pistole. Der Vorschub erfolgt mittels einer Preßluftturbine (Tab. 10a).

„Color-Metall HP_1" (Abb. 26) ist eine Spezialpistole zum Verspritzen von Zinn und Blei. Der Werkstoff wird indirekt geschmolzen, d. h., daß in einem Düsenkopf erhitzte Preßluft den Werkstoff beim Austritt aus dem Düsenkopf schmelzt. Mit dieser Pistole soll die Oxydation vermieden und eine homogene Schicht erzeugt werden (Tab. 10b).

Die Metallspritzpistole „Herkenrath" (Abb. 27) ist eine Konstruktion der Fa. Herkenrath A. G.[3], Zürich, Schweiz. Sie verspritzt Drähte von 0,8⋯2 mm Durchmesser.

---

[1] Fa. Rudolf Rengshausen K. G., Werkstätten für Metallisierungen, Wien III/40. Verlängerte Erdbergstr. 88.

[2] Fa. Color Metal S. A. Zürich, Siege social, Netliberstr. 113. Vertreten durch M. C. Meister, Zürich, Löwenstr.

[3] Fa. Franz Herkenrath A. G., Zürich, Stampfenbachstr. 85.

Die Drahtspritzpistole. 21

Tabelle 10. Angaben über Flammeneinstellung, Vorschub und Leistung der Metallspritzpistolen „Color".

Werkstoff	Draht-⌀ mm	Draht-vorschub m/min	Azetylen-druck atü	Sauerstoff-druck atü	Preßluft-druck atü	Verbrauch an		
						Azetylen m³/h	Sauerstoff m³/h	Preßluft m³/h
a) Color-Metal GP$_2$.								
Hochleg. Stahl Niedrigleg. Stahl	1,0	3,2···4,0	1,5···1,7	1,5···1,7	3,5···3,7	0,48···0,54	0,48···0,54	46,8···48,0
Kupfer...	1,0	5,0···5,5	1,5···1,6	1,5···1,6	3,5···3,7	0,45···0,51	0,45···0,51	46,8···48,0
Bronze...	1,0	5,2···5,5	1,5· 1,6	1,5 ··1,6	3,5···3,7	0,45···0,51	0,45···0,51	46,8···48,0
Messing...	1,0	5,3···5,6	1,5···1,6	1,5···1,6	3,5···3,7	0,45···0,51	0,45···0.51	46,8···48,0
Aluminium u. Al.-Leg.	1,5	5,5···6,0	1,5···1,6	1,5···1,6	3,5···3,7	0,45···0,51	0,45··0,51	47,4···48,6
Zink....	1,5	10,0	1,5···1,6	1,5···1,6	3,5···3,7	0,45···0,51	0,45···0,51	47,4···48,6
b) Color-Metal HP$_1$.								
Blei....	1,5	11,0	1,3···1,5	1,3···1,5	3,5	0,33···0,39	0,33···0,39	48···48,6
Zinn....	2,5	11,0	1,3···1,5	1,3···1,5	3,5	0,33···0,39	0,33···0,39	48···49,2

Der Draht wird von einer Preßluftturbine vorgeschoben (Tab. 11).

2. Die elektrisch beheizten Pistolen. Nachdem es gelungen war, das Metallspritzen mit Hilfe der autogenen Beheizung zu einem brauchbaren Verfahren zu entwickeln, lag der Wunsch nahe, ähnlich wie beim Schweißen nun auch den elek-

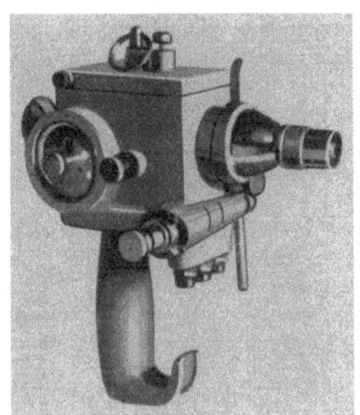

Abb. 25. Drahtspritzpistole „Color-Metall GP 2".

Abb. 26. Drahtspritzpistole „Color-Metall HP 1" zum Verspritzen von Zinn und Blei.

trischen Strom zur Metallschmelzung auszunutzen. Die Versuche auf diesem Gebiet gingen in zwei Richtungen: einmal versuchte man den Werkstoff mit Hilfe des Lichtbogens und zum anderen mit Hilfe der induktiven Erwärmung zu schmelzen.

Die Schwierigkeit bei der elektrischen Erschmelzung lag in der Hauptsache darin, daß das Metall in kleinen Mengen bis zu 60 g/sec stetig und gleichmäßig abgeschmolzen werden mußte.

Tabelle 11. Angaben über Flammeneinstellung, Vorschub und Verbrauch der Metallspritzpistole „Herkenrath".

Werkstoff	Draht- $\varnothing$ mm	Draht- vor- schub m/min	Aze- tylen- druck atü	Sauer- stoff- druck atü	Preß- luft- druck atü	Verbrauch an		
						Aze- tylen m³/h	Sauer- stoff m³/h	Preß- luft m³/h
Hochleg. Stahl... Niedrigleg. Stahl.	} 1,0	3,0	2,0	2,0	3,5	6,62	0,7	29
Kupfer	1,0	4,0	1,8	1,8	3,5	0,55	0,64	29
Bronze	1,0	5,0	1,8	1,8	3,5	0,55	0,64	29
Messing	1,0	5,0	1,8	1,8	3,5	0,55	0,64	29
Aluminium . . . u. Al-Leg. . . .	{ 1,2 2,0 }	5,0	1,8	1,8	3,5	0,55	0,64	29
Zink	{ 1,5 2,0 }	7,0	1,6	1,6	3,5	0,49	0,57	29
Blei	2,0	10,0	1,0	1,0	3,5	0,31	0,35	29
Zinn	2,0	10,0	1,0	1,0	3,5	0,31	0,35	29

a) Erwärmung in Lichtbogen. Bei diesem Verfahren werden zwei Spritzdrähte der Pistole zugeführt und zwar so, daß sie sich in der Düse kreuzen (Abb. 28). Da diese Drähte gleichzeitig als Stromleiter benutzt werden, entsteht an ihrer Berührungsstelle ein Kurzschluß und damit ein Lichtbogen. Die hierbei entstehende Wärme schmelzt die Drahtenden ab, und das geschmolzene Metall wird wie bei den anderen Pistolen von der Preßluft erfaßt und fortgeschleudert. Man kann Gleichstrom und Wechselstrom verwenden. Von SCHOOP wurden für seine Elektropistole als Anhalt die Werte der Tab. 12 gegeben[1]:

Die Schweizer Fa. Color-Metal[2] liefert eine Elektrospritzpistole Color Metall EP_1 (Abb. 29).

Durch die im Lichtbogen auftretenden hohen Temperaturen können die schwer schmelzbaren Metalle wie Wolfram, Molybdän usw. ohne besondere Schwierigkeit geschmolzen und verspritzt werden

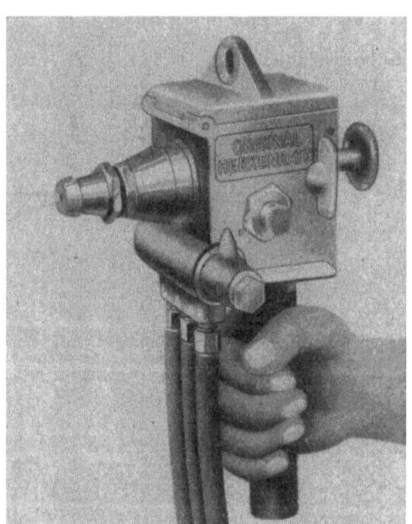

Abb. 27. Drahtspritzpistole „Herkenrath".

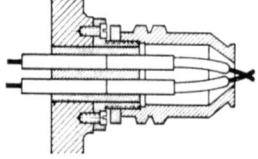

Abb. 28. Schematische Darstellung des Düsensystems einer elektrisch beheizten Metallspritzpistole.

Tabelle 12. Betriebsbedingungen der Elektro-Metallspritzpistole nach SCHOOP.

	Zink	Aluminium	Eisen	Messing
Drahtdurchm. . mm	1,5	1,5	0,8	0,8
Drahtvorsch. . m/min	2···5	2···5	2···4	2,8···3,5
Spannung . . Volt	20	20	25	22
Stromstärke . . Amp.	45	45	60	60—70

[1] SCHOOP-DAESCHLE: s. S. 3.
[2] Fa. Color-Metal s. S. 19.

Hierin und in den gegenüber den gasbeheizten Pistolen niedrigen Betriebskosten liegt der Hauptvorteil der Elektropistolen. Allerdings ist bis heute die Handhabung und Betriebssicherheit der autogenbeheizten Gaspistolen noch wesentlich einfacher und zuverlässiger.

b) Induktive Erwärmung. Die Anwendung der induktiven Erwärmung ist in der Metallspritztechnik noch nicht fertigungsreif, sondern noch im Versuchsstadium.

D. Zusatzeinrichtungen.

Um schwer zugängliche Stellen mit einem Spritzüberzug versehen zu können, sind einige Zusatzeinrichtungen entwickelt worden, die besonders für Innenausspritzungen von engen Behältern und Rohren zweckmäßig sind.

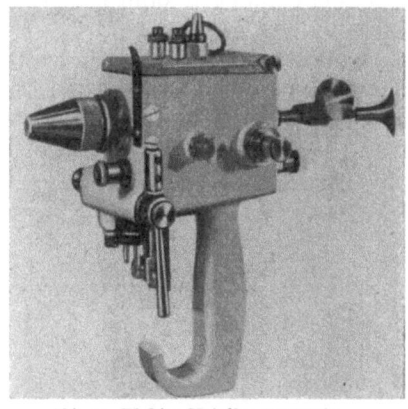

Abb. 29. Elektro-Metallspritzpistole „Color-Metal EP 1".

1. Winkeldüsen. Oft ist es nötig, an Behältern, Rohren, Lagerschalen usw. Innenausspritzungen auszuführen. Mit den gewöhnlichen Pistolen ist dies nur bei geringer Tiefe des Hohlraumes, z. B. kurzen Lagerschalen, möglich, da die Spritzpistolen immer möglichst senkrecht zur aufzuspritzenden Fläche gehalten werden müssen, um eine möglichst gute Haftfestigkeit und möglichst wenig Spritzverluste zu erzielen. Sind die Hohlräume tiefer, z. B. bei Behältern und Rohren, so ist hierzu eine Winkeldüse erforderlich, die den Spritzstrahl bis zu 90° umlenkt. Dadurch wird erreicht, daß die Spritzteilchen

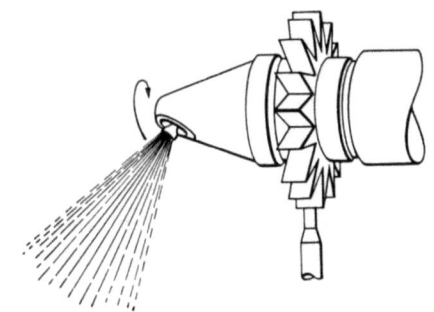

Abb. 30. Schematische Darstellung einer umlaufenden Winkeldüse.

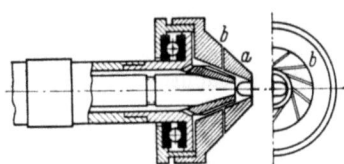

Abb. 31. Umlaufende Winkeldüse nach dem SEEGER-Prinzip. In der Zerstäubungsdüse a befinden sich kleine Bohrungen b in einem bestimmten Winkel, durch die Preßluft strömt. Durch die rückwirkende Kraft wird die Düse gedreht.

auch dann senkrecht und mit dem notwendigen Spritzabstand auf die aufzuspritzende Fläche auftreffen, wenn die Pistole so in den Hohlraum eingeführt wird, daß die Richtung des Drahtvorschubes parallel zur aufzuspritzenden Fläche liegt.

Von den einzelnen Firmen werden teils feststehende und teils umlaufende Winkeldüsen geliefert. Die feststehenden Düsen sind genau wie gewöhnliche Düsen fest mit der Pistole verschraubt. Beim Spritzen mit diesen Düsen muß also entweder die Pistole oder das Werkstück dauernd gedreht werden.

Bei den umlaufenden Winkeldüsen (Abb. 30 u. 31) ist dies nicht notwendig. Hier dreht sich während des Spritzvorganges die Düse, so daß die Innenflächen bei ruhenden Werkstücken gleichmäßig ausgespritzt werden.

Bei Verwendung dieser feststehenden oder umlaufenden Winkeldüsen muß der Durchmesser des auszuspritzenden Innenraumes jedoch mindestens noch so groß sein, daß die Pistole in üblicher Haltung eingeführt werden kann. Im anderen Fall kann nur so weit ausgespritzt werden, wie die Pistole in die Öffnung hineingeht. Bei zwei Öffnungen kann man von beiden Seiten spritzen, wenn das Werkstück nicht zu lang ist.

2. Düsenverlängerung. Soll eine größere Tiefe ausgespritzt werden, so ist die Verwendung einer Düsenverlängerung notwendig. Sie wird zwischen Düse und Pistole eingesetzt und besitzt einen geringeren Durchmesser als die Düse selbst.

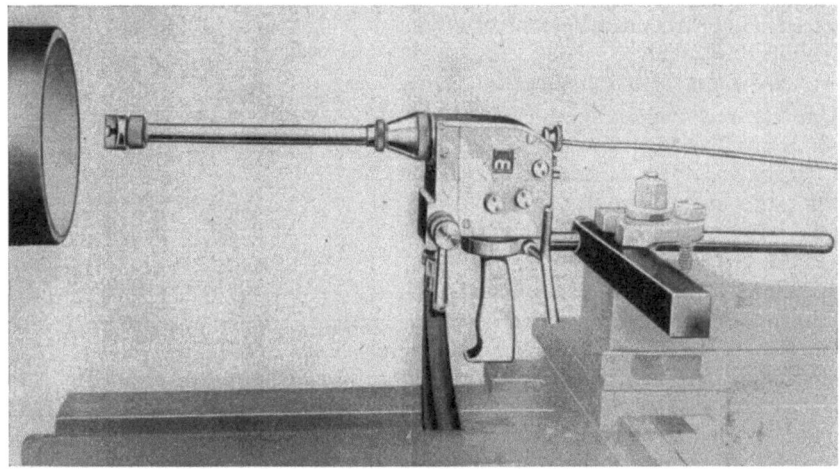

Abb. 32. Gasbeheizte Metallspritzpistole mit Düsenverlängerung und Winkeldüse zum Aufspritzen von Hohlkörpern.

Hierdurch wird es möglich, die Düse tief in enge Hohlräume z. B. enge Rohre einzuführen (Abb. 32). Die Düsenverlängerung kann sowohl in Verbindung mit einer gewöhnlichen Düse zum Aufspritzen tiefliegender Bodenflächen als auch mit einer Winkeldüse zum Aufspritzen der Seitenwände Verwendung finden. Hierbei ist jedoch zu beachten, daß der Spritzabstand nicht zu gering wird.

V. Das Verfahren des Metallspritzens.

Das Verfahren des Metallspritzens läßt sich in drei Arbeitsgänge unterteilen, die Vorbereitung des Untergrundes, das Aufspritzen der Schicht und die Nachbehandlung.

A. Die Vorbereitung der zu bespritzenden Unterlage.

Bei diesem Arbeitsvorgang ist die allergrößte Sorgfalt anzuwenden, wobei die folgenden grundsätzlichen Bedingungen zu beachten sind:

Die Unterlage muß vollkommen sauber und metallisch blank sein. Fettspuren, Zunder, Schmutz oder sonstige Fremdstoffe verhindern eine gute Verklammerung der Spritzteilchen mit dem Untergrund und rufen oft eine Korrosion hervor, die zum baldigen Abblättern der Spritzschicht führt. Der Untergrund muß rauh sein, damit sich die ersten auftreffenden Spritzteilchen gut mit der Oberfläche verklammern können. Wie schon erwähnt, ist die Haftung der Schicht nur mechanisch, d. h. sie beruht nur auf der Verklammerung der Spritzteilchen mit den Unebenheiten der Unterlage. Sie ist um so größer, je intensiver und zweckentsprechender eine Aufrauhung stattfindet.

Für die Aufrauhung selbst haben sich verschiedene Verfahren bewährt, die nachstehend beschrieben werden. Sie sind je nach Art und Form der aufzuspritzenden Oberfläche und den betrieblich gegebenen Möglichkeiten anzuwenden.

Es ist darauf zu achten, daß die vorbehandelten Flächen nicht wieder durch Anfassen verschmutzt oder fettig werden und daß sie möglichst innerhalb 4 Std. höchstens jedoch, bei trockener Witterung, innerhalb 24 Std. gespritzt werden.

1. Sandstrahlen mit Quarzsand. Zur Aufrauhung großer Flächen hat sich am besten das Abstrahlen mit Quarzsand bewährt. Mittels Preßluft wird scharfer Quarzsand von 0,5···2 mm Körnung mit großer Wucht unter einem Winkel von etwa 60° auf die aufzuspritzende Fläche aufgeschleudert. Beim Aufprall schlagen die scharfen Sandkörner in die Oberfläche der Unterlage gratige Poren und Kerben, in denen sich die Spritzteilchen gut verankern können. Nach dem Sandstrahlen ist ein Abblasen der gestrahlten Oberfläche mit wasser- und ölfreier Preßluft zur Entfernung des Sandstaubes zweckmäßig.

2. Strahlen mit Stahlsand. An Stelle von Quarzsand kann, wenn die Möglichkeit der Rückgewinnung gegeben ist, auch scharfkantiger Stahlsand genommen werden.

3. Beizen. Eine andere Aufrauhmöglichkeit ist das Beizen in Salzsäure. Hierdurch wird die Metalloberfläche zwar auch aufgerauht, jedoch nicht in einer für das Metallspritzen günstigen Form. Die Haftfestigkeit ist dementsprechend auch gering. Bei diesem Verfahren kommt noch hinzu, daß bei nicht genügender Neutralisation auf der Oberfläche Säurereste zurückbleiben, die unter der Spritzschicht Korrosionen hervorrufen. Diese haben sehr bald ein Abblättern der Schicht zur Folge.

4. Maschinelle Aufrauhungsverfahren (Abb. 33). Die bisher angeführten Aufrauhungsverfahren werden hauptsächlich dann angewendet, wenn große Flächen und Bauwerke (Gasbehälter, Eisenkonstruktionen) zum Zwecke des Korrosionsschutzes mit einer Spritzschicht versehen werden sollen. Die nachfolgenden Verfahren werden dagegen im Maschinenbau angewendet, also an Wellen, Lagern, Gußstücken usw. Sie haben den Vorteil, daß man die Aufrauhung sehr genau an der aufzuspritzenden Stelle anbringen kann. Weiterhin werden die benachbarten Stellen nicht in Mitleidenschaft gezogen, und ihre Anwendung ist nicht mit Schmutz und Staub verbunden. Auch kann die Form der Aufrauhung bei dem maschinellen Verfahren sehr gut den jeweiligen Erfordernissen und der Spritzrichtung angepaßt werden. Von Nachteil ist es, daß die Aufrauhung der Gesamtfläche nicht so dicht erfolgt wie dies z. B. beim Strahlen der Fall ist. Bei den maschinellen Verfahren werden in der Praxis vier Arten angewandt.

a) Gewindeschneiden. Dieses Verfahren kommt nur für Rundkörper in Betracht. Auf Wellen oder sonstigen runden Maschinenteilen wird ein Gewinde von etwa 0,5 mm Tiefe und 1 mm Steigung aufgeschnitten, welches für das nachfolgende Aufspritzen einen guten Haftgrund bietet. Diese Aufrauhung genügt bei Rundkörpern vollkommen, da die Haftung der Spritzschicht noch durch die beim Erkalten auftretende Schrumpfung verstärkt wird. Die Schnittgeschwindigkeit soll klein sein, damit die Gewindeflanken möglichst rauh sind. Kerbwirkungen durch scharfes Eindrehen müssen vermieden werden.

b) Rändeln ist dem Gewindeschneiden etwa gleichwertig und wird auch in den gleichen Fällen angewandt.

c) Nuten. Diese Art der Aufrauhung eignet sich sowohl für Rundkörper als auch für Bohrungen und ebene Flächen. Die Form, Tiefe und Breite der Nut kann sehr vielseitig sein und ist den jeweiligen Erfordernissen z. B. Größe und Form des Werkstückes, Beanspruchung der Spritzschicht und Spritzrichtung anzupassen; letzteres besonders bei Bohrungen oder sonstigen auszuspritzenden Hohlräumen. Allgemein kann gesagt werden, daß immer darauf zu achten ist, daß die Nuten ganz ausgespritzt werden und das Spritzmetall sich nicht herauslösen kann. Aus diesem Grunde ist wohl die meist angewandte Nutform schwalbenschwanz- oder sägeförmig hinterstochen (Abb. 33).

Die Nuten werden durch Drehen, Hobeln, Stoßen, Schleifen oder Fräsen hergestellt. Auch hier sollen die Grundfläche und die Flanken möglichst rauh sein.

Auszuspritzende Lunker in Gußstücken müssen schräg hinterarbeitet werden, um ein Loslösen des Spritzmetalls zu vermeiden (Abb. 33).

d) **Schleifen.** Können die Verfahren a) bis c) bei Werkstücken aus gehärtetem Stahl nicht angewandt werden, so können sie durch das Schleifen des Haftgrundes mit einem rauhen, leicht schlagenden Stein ersetzt werden.

5. Auftragung mittels Ni-Elektrode und dem elektrischen Lichtbogen. Dieses Verfahren ist in Deutschland noch wenig bekannt. Zwischen einer Nickelelektrode

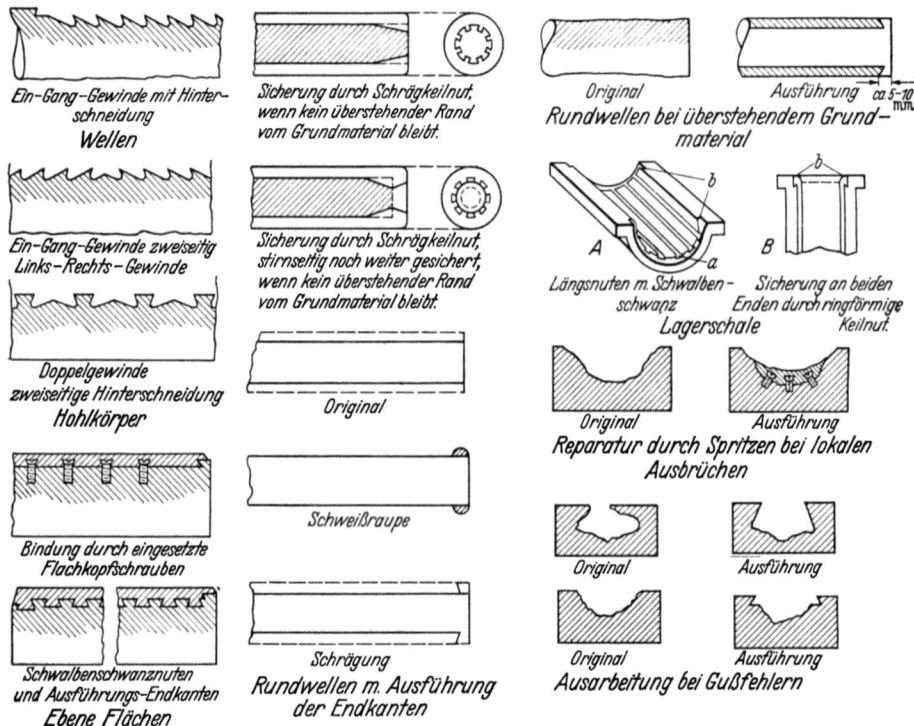

Abb. 33. Beispiele für die maschinelle Aufrauhung des Haftgrundes.

und der aufzuspritzenden Fläche wird ein elektrischer Lichtbogen erzeugt, den man über die Fläche wandern läßt. Dadurch entsteht auf der Werkstückoberfläche ein Nickelbelag mit sehr rauher Oberfläche. Der Belag muß mindestens 90% der Oberfläche bedecken. Die Oberfläche des Werkstückes bietet dadurch einen ausgezeichneten Haftgrund für die nachfolgende Aufspritzung.[1][2]

6. Aufspritzen einer Haft- und Grundschicht. Ein weiteres, aus Amerika kommendes Verfahren dürfte sehr interessant sein und bei Bewährung einen großen Fortschritt in der Metallspritztechnik darstellen. Hierbei wird eine molybdänreiche Metallegierung als Haftschicht auf die glatte, jedoch sorgfältig gereinigte Unter-

---

[1] FRITZ I. C., Vielseitige Verwendbarkeit des el. Schweißumspanners. Der Elekrotechniker (1951) H. 5.

[2] REININGER H., Neuartige Spritzschweißverfahren. Metalloberfläche (1950) H. 7.

lagenoberfläche aufgespritzt[1]. Diese Haftschichtlegierung hat die Eigenschaft, auch auf glatten sauberen Flächen ohne jede vorherige Aufrauhung festzuhaften. Es findet eine oberflächliche Legierung ähnlich einer lotartigen Bindung statt. Die rauhe Oberfläche der gespritzten Haftschicht bietet dann für die nachfolgende Spritzmetallisierung einen sehr guten Haftgrund. Bei Kupfer und seinen Legierungen kann dieses Verfahren nicht angewendet werden, dagegen bei austenitischen Edelstählen, Monelmetall, Nickel, Magnesium und den meisten Al-Legierungen. S. a. Nachtrag S. 49.

B. Das Aufbringen der Schichten.

1. Handbetrieb. Bisher werden in den meisten Fällen die Schichten mit der Handpistole aufgebracht. Dies erfordert natürlich handliche Pistolen, wodurch bei den Drahtspritzpistolen die Drahtstärke begrenzt wird. Als günstiger Drahtdurchmesser hat sich im Laufe der Zeit 2 mm bewährt. Diesen soll man aber auch nicht unterschreiten, um nicht die Wirtschaftlichkeit des Verfahrens stark zu mindern. Die obere Grenze liegt bei 3 mm, weil sonst der Handbetrieb zu schwierig wird.

Da die Spritzteilchen heiß auf die Unterlage aufprallen, hat die Spritzschicht eine relativ hohe Temperatur. Dies bedingt selbstverständlich beim Erkalten eine Kontraktion, die umso stärker ist, je heißer die Schicht ist und je schneller eine zusammenhängende Schicht erzeugt wird. Sie kann u. U. so stark werden, daß sie ein Loslösen der Schicht von der Unterlage zur Folge hat. Sowohl die Temperatur als auch die Erzeugungsgeschwindigkeit der Schicht ist aber eine Frage der in der Zeiteinheit aufgespritzten Menge. Je schneller man aufspritzt, umso schneller wird sich eine zusammenhängende Schicht bilden. Dies hat zur Folge, daß die einzelnen Spritzteilchen zu wenig Zeit zum Erkalten und damit zur Kontraktion haben. Bis dies geschehen ist hat sich schon eine zusammenhängende und heiße Schicht gebildet, die als ganzes der Kontraktion unterworfen ist. Dabei treten leicht Risse in der Schicht und auch ein Abheben von der Unterlage auf.

Da nun die in der Zeiteinheit aufgespritzten Menge außer vom Drahtvorschub in großem Maße von dem Durchmesser abhängig ist und im Quadrat wächst, sollte man auch aus diesem Grund den Drahtdurchmesser mit höchstens 3 mm begrenzen.

2. Spritzbedingungen. Es wurde schon erwähnt, daß vorläufig, bis zu einer Normung, von den einzelnen Pistolenherstellern die notwendigen Spritzbedingungen für ihre Pistolen angegeben werden. Man wird jedoch fast immer gute Ergebnisse haben, wenn man bei den meistens üblichen Gleichdruckbrennern folgende Bedingungen wählt:

    Azetylendruck . . . . 1,2···1,5 atü
    Sauerstoffdruck . . . . 1,2···1,5 atü
    Preßluftdruck . . . . 3···4 atü

Bei dieser Flamme stellt man den Drahtvorschub so ein, daß der Draht etwa 1—3 mm vor der Düse abschmilzt und der Spritzstrahl möglichst schlank bleibt. Über den günstigsten Spritzabstand kann die Abb. 34 Aufschluß geben.

Mit zunehmendem Spritzabstand verlieren die Teilchen einmal an Temperatur und damit an Bildsamkeit und zum anderen vergrößert sich die Zahl der schräg auftreffenden Teilchen, da diese ja auch in der Mitte des Spritzstrahles nicht parallel zueinander fliegen (Abb. 35). Man darf jedoch nicht zu nahe an das Werkstück gehen, da dann die Schicht verbrennt und porös und schaumig wird.

---

[1] WAKEFIELD, JOHN E.: New developments widen metallizing uses. The Iron Age. 17. 3. 49. S. 81/85.

3. Automatischer Betrieb. In Amerika vor allem ist man dazu übergegangen, automatische Spritzanlagen zu bauen. Hierbei werden mehrere Spritzpistolen der Form der Werkstücke entsprechend aufgestellt und die Werkstücke an den Pistolen vorbeigeführt. Auf diese Weise werden z.B. Eisenträger und große Walzen aufgespritzt. Die Walzen laufen auf einer Drehbank um und eine Reihe Spritzpistolen

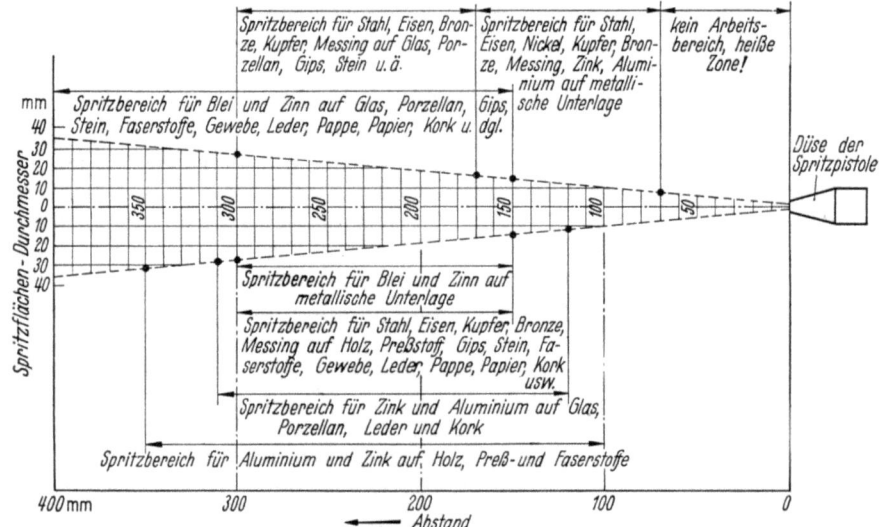

Abb. 34. Schaubild für die Spritzabstände beim Verspritzen verschiedener Metalle (nach FIENEMANN).

wird mit einem Schlitten daran entlangbewegt. Eisenträger oder sonstige Formeisen gehen mit einer der verlangten Schichtdicke entsprechenden Geschwindigkeit (bei Verzinkungen meistens etwa 3 m/min) durch einen Ring von Spritzpistolen und werden so fortlaufend allseitig gespritzt. Kleinteile werden in einer umlaufenden Trommel gesandstrahlt und anschließend metallisiert.

Man ist bei diesen maschinellen Verfahren, bei denen es auf die Handlichkeit nicht ankommt, mit dem Drahtdurchmesser bis zu 5 mm heraufgegangen[1,2]. Aus den schon angeführten Gründen der starken Kontraktion bevorzugt man jedoch vielerorts wieder einen Drahtdurchmesser von 2···3 mm.

4. Der Wirkungsgrad beim Metallspritzen hinsichtlich des abgeschleuderten und anhaftenden Metalls kann nicht als besonders gut angesprochen werden. Die hierdurch besonders bei teueren Metallen auftretenden Kosten werden jedoch durch andere Vorteile, wie Arbeitsersparnis oder gar Ersparung einer Neubeschaffung des Werkstückes aufgehoben. Der Wirkungsgrad schwankt in weiten Grenzen zwischen etwa 30 und 70%. Er wird beeinflußt durch die Materialverdampfung, das Abprallen schräg auftreffender Spritzteilchen, den Spritzabstand und die Werkstückgröße. Gegen das *Verdampfen* des Metalls

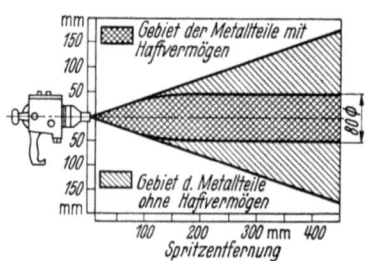

Abb. 35. Werkstoffverlust durch abprallende Spritzteilchen infolge der Streuung des Spritzstrahles.

---

[1] FRITZ I. C., Neue Spritzpistolen u. ihre Anwendung s. S. 11.
[2] PÜSCHEL: Problemstellung der Metallspritztechnik. Metalloberfläche (1950) H. 9.

kann nichts unternommen werden. Dies tritt bei allen Metallen auf und ist um so größer, je niedriger der Schmelzpunkt des verspritzten Metalls ist.

Um das *Abprallen* schräg auftreffender Teilchen soweit wie möglich herunterzusetzen, ist es nötig, den Spritzstrahl möglichst schlank zu halten, denn je stärker er streut, um so mehr Teilchen treffen schräg auf und haften nicht (Abb. 35).

Von besonderem Einfluß ist die Werkstückgröße, d. h. die Größe der senkrecht zur Spritzrichtung stehenden *Werkstückfläche*. Es ist verständlich, daß um so mehr Teilchen vorbeifliegen, je kleiner diese Fläche ist. Der ungünstigste Fall liegt dann vor, wenn diese Flächen kleiner werden als es der Durchmesser des Spritzstrahles in Spritzabstand ist. Die Verwendung von Schmalstrahldüsen ist dann vorzuziehen.

5. Leistungen der Spritzpistolen. Die Leistung der Spritzpistolen ist von verschiedenen Faktoren abhängig. Es sind dies die Art des verspritzten Metalles, die Pistolenkonstruktion und als Folge dieser beiden der Drahtdurchmesser und der Drahtvorschub.

Weiter ist von entscheidender Bedeutung der Wirkungsgrad, dessen bestimmende Faktoren im vorigen Abschnitt erwähnt wurden.

Tabelle 13. Anhaltswerte für die Leistungen der gebräuchlichsten Drahtspritzpistolen, bei einem angenommenen Wirkungsgrad von 80%.

Werkstoff	Gew. d. verspr. Drahtes kg/h	Bedeckte Fläche bei 0,1 mm Schichtstärke ca. m²/h	Spritzzeit bei 0,1 mm Schichtstärke ca. min/m²
Hochlegierter Stahl	0,8— 2,5	0,8— 2,5	75 —24
Niedriglegierter Stahl . . .	0,8— 2,5	0,8— 2,5	75 —24
Kupfer.	1,5— 5,0	1,2— 4	50 —15
Bronze	1,5— 5,5	1,3— 5	46 —12
Messing	1,5— 5,5	1,3— 5	46 —12
Aluminium u. Ml-Legierung	1,2— 2,7	3,5— 8	17 — 7,5
Zink.	4,5—10,0	4,5—10	13 — 6
Blei	12,0—28,0	8 —20	7,5— 3
Zinn.	8 —27	8 —27	7,5— 2

6. Schutzmaßnahmen. Zur Vermeidung von Unfällen und Gesundheitsstörungen der Arbeiter in Metallspritzbetrieben sind verschiedene Schutzmaßnahmen zu beachten, die zwar noch nicht behördliche Vorschrift sind. Jedoch befassen die Unfallverhütungsbehörden sich schon eingehend mit diesen Fragen.

An den Pistolen, Druckminderventilen, Rückschlagsicherungen und Schnellschlauchkupplungen sollen die *Schlauchanschlüsse* so eingerichtet sein, daß sie nicht verwechselt werden können. Wegen der Rückschlaggefahr sollten unbedingt *Rückschlagsicherungen* verwendet werden. Die Arbeiter müssen während der Arbeit je nach dem verspritzten Metall eine *Brille*, eine *Maske* oder ein *Frischluftgerät* tragen. Bei Stahlauftragungen genügt eine schwach-grüne Brille zum Schutze des Auges. Bei Buntmetallauftragungen genügt meistens eine Staubmaske, während beim Verspritzen von Zink und Blei ein Frischluftgerät unbedingt notwendig ist, da sonst Gesundheitsschädigungen auftreten können.

Bei Verwendung von Pistolen mit elektromotorischem Antrieb des Drahtvorschubes muß die Pistole *geerdet* sein, gute Entlüftung und evtl. Aufstellung von Spritzkabinen mit Entlüftung ist selbstverständlich. Dies gilt auch ganz besonders für den Sandstrahlraum. Bei den Sandstrahlarbeiten ist ebenfalls ein Frischluftgerät zu tragen.

Bei Beachtung dieser Schutzmaßnahmen kann die Arbeit in Metallspritzbetrieben ohne weiteres als ungefährlich und nicht gesundheitsschädlich bezeichnet werden [1].

C. Das Messen der Schichtdicke.

Die Stärke der Spritzschichten läßt sich nur dann messen, wenn ein nicht magnetischer Werkstoff auf einen magnetischen gespritzt wurde. Zu diesen Messungen wird das „Leptoskop" (Abb. 36) von der Fa. Hahn & Kolb, Stuttgart, verwendet. Es arbeitet auf elektromagnetischer Basis. Zwei Kontaktpole werden auf die Schicht aufgesetzt. Die Unterbrechung des Kraftlinienflusses durch die zu messende nichtmagnetische Schicht auf einem magnetischen Grundwerkstoff ist ein Maß für die Schichtstärke. Dieses wird auf einen Zeiger übertragen, der auf einer Skala die Schichtstärke in Millimeter anzeigt. Bei Wellen, Buchsen usw. bedient man sich der bekannten Meßwerkzeuge.

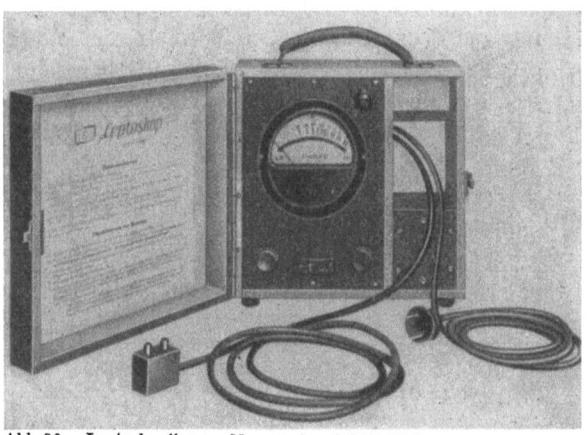

Abb. 36. „Leptoskop" zum Messen der Schichtdicken unmagnetischer Schichten auf magnetischen Unterlagen.

D. Die Nachbehandlung der Schicht.

Der Spritzschicht haften infolge ihrer naturgegebenen Eigenschaften noch für manche Anwendungsmöglichkeiten mehr oder weniger stark ins Gewicht fallende Mängel an. In der Hauptsache sind dies die verhältnismäßig geringe Haftfestigkeit, die Porosität und die rauhe Oberfläche. Um diese Mängel abzustellen, hat man die Spritzschicht verschiedenen Nachbehandlungen unterworfen. Es haben sich bei diesen Versuchen einige Arten der Nachbehandlung ergeben, durch die es möglich ist, die oben angeführten Mängel, wenn auch nicht ganz zu beheben, so doch soweit zu verbessern, daß die Schicht den verlangten Ansprüchen genügt. Man unterscheidet hierbei zwischen den mechanischen und thermischen Nachbehandlungsverfahren.

1. Die mechanischen Verfahren dienen weniger dazu, die Haftfestigkeit der Schicht zu verbessern, als ihr eine maßgerechte Form, eine glatte Oberfläche und u. U. eine größere Dichtigkeit zu geben. Um dem Werkstück eine maßgerechte Form zu geben — dies ist fast immer bei Aufspritzungen im Maschinenbau der Fall — bedient man sich der üblichen spanabhebenden Bearbeitungsvorgänge wie Drehen, Hobeln, Fräsen, Schleifen usw. Hierbei ist zu beachten, daß man bei einer mittleren Schnittgeschwindigkeit den Vorschub und die Spantiefe gering wählt, um nicht zu große Beanspruchungen an die Haftung zu stellen. Die in das Werkstück gehende Komponente des Schnittdrucks muß möglichst klein sein, um die aufgespritzte Schicht nicht abzulösen.

Zur Erzielung einer glatten Oberfläche werden bei weichen Metallen außer den oben angeführten Verfahren auch noch das Bürsten mit weichen Stahlbürsten und das Schwabbeln angewandt. Hierbei ist immer darauf zu achten, daß der Anpreßdruck nicht zu groß ist, da sich sonst die Schicht lösen kann. Diese beiden Verfahren

---

[1] FRITZ I. C., Über Unfallverhütung beim Flammspritzen. Metalloberfläche (1951) H. 1.

dienen auch zur Verdichtung der Schicht. Durch das Bürsten und Schwabbeln der Schicht werden die Poren verschmiert und geschlossen. Die Wirkung ist um so besser, je weicher das aufgespritzte Metall ist.

Eine ähnliche Wirkung wird durch das Walzen, Abhämmern oder Kugelstrahlen der Schicht erreicht. Hierbei werden die Poren durch die hämmernde Wirkung des angewendeten Verfahrens zugeschlagen. Der Walzdruck oder die Schläge bzw. die Wucht der aufprallenden Stahlkugeln dürfen jedoch nicht so groß sein, daß die Schicht losgeschlagen wird.

Die nachfolgenden Tabellen geben an[1], inwieweit es möglich ist, durch diese Nachbehandlungen eine Verdichtung der Schichten zu erreichen. Hierbei handelt

Tabelle 14.
Erhöhung der Dichtigkeit durch Schleifen.

Werkstoff	Verdichtung	Im Mittel
Nichtrostender Stahl ...	2- bis 17fach	4,9fach
Stahl	4- bis 12fach	5,4fach
Kupfer ...	5- bis 48fach	19fach
Zink	5- bis 380fach	100fach
Aluminium ..	5- bis 860fach	235fach
Blei	5 bis 2700fach	610fach

Tabelle 15.
Erhöhung der Dichtigkeit durch Polieren.

Werkstoff	Verdichtung	Im Mittel
Nichtrostender Stahl ...	4-bis 25fach	11fach
Zink	3- bis 122fach	40fach
Kupfer ...	30- bis 290fach	137fach
Blei	5- bis 1500fach	270fach
Aluminium..	137- bis 493fach	320fach
Stahl	21- bis 1590fach	800fach

es sich natürlich um Mittelwerte, da die Arbeitsbedingungen bei den Verdichtungsarbeiten nicht immer gleich gehalten wurden. So erhöht z. B. ein etwas kräftiger Anpreßdruck die Dichtigkeit.

Eine bedeutende Verbesserung der Haftfestigkeit, Dichtigkeit und Beanspruchung läßt sich auf Grund der Kapillarwirkung der porösen Schicht durch Auftragen verdünnter Lacklösungen erreichen. Hierbei werden die ursprünglichen Mikrohohlräume der Schicht durch die nach der Verdunstung der Lösungsmittel als Bindekitte zurückbleibenden Lackreste ausgefüllt.

Tabelle 16.
Erhöhung der Dichtigkeit durch Hämmern.

Werkstoff	Verdichtung
Nichtrostender Stahl	1,5fach
Kupfer	1,6fach
Aluminium	2,1fach
Blei	3,5fach
Zink	26,4fach

2. Thermische Verfahren dienen neben der Schichtverdichtung vor allem der Verbesserung der Haftfestigkeit. Man sucht hierbei durch Wärmeeinwirkung das Gefüge der Schicht zu verdichten und möglichst das aufgespritzte Metall in den Untergrund diffundieren zu lassen. Dies erreicht man allerdings nur in wenigen Fällen.

Das bekannteste thermische Verfahren ist das sogenannte „Alumetieren" (s. auch Abschn. VII B 2, S. 43). Wenn ein mit Aluminium (Stärke etwa 0,3 mm) gespritztes Werkstück einige Zeit auf 760···800°C erhitzt wird, so diffundiert ein Teil des aufgespritzten Aluminiums in das Eisen und bildet dort eine vor allem gegen Hitze sehr widerstandsfähige Fe–Al-Legierung. Um das Aluminium während des Erhitzens vor vorzeitiger und unerwünschter Oxydation zu schützen, wird es zweckmäßig mit einem Flußmittel behandelt[2].

Deutsches Verf.: bei 800° C 15 Minuten   Schutzschicht Wasserglas
Franz.   „   : „ 600° C 30   „   „   Borax
Engl.   „   : „ 760° C 10   „   „   Bitumen

---

[1] REININGER, H. u. A. REISSIG: Der gegenwärtige Entwicklungsstand der Metallspritztechnik. Werkstatttechnik 32 (1938) S. 33/7, S. 55/9, S. 76/81.

[2] REININGER, H.: Die Gefüge gespritzter Metallüberzüge. Metalloberfläche 2 (1948) S. 97/111. — Derselbe: Die prakt. Nutzanwendung des Metallspritzverfahrens. Metalloberfläche 3 (1949) S. 173.

Um eine große Diffusionszone zu erhalten, ist es in manchen Fällen zweckmäßig, die Werkstücke nach einer längeren Erhitzung auf 800°C bei dieser Temperatur noch einmal genügend stark mit Aluminium zu spritzen. Die Verlängerung der Lebensdauer alumetierter Eisenwerkstücke bei Hitzeangriff zeigt die Kurve Abb. 37[1].

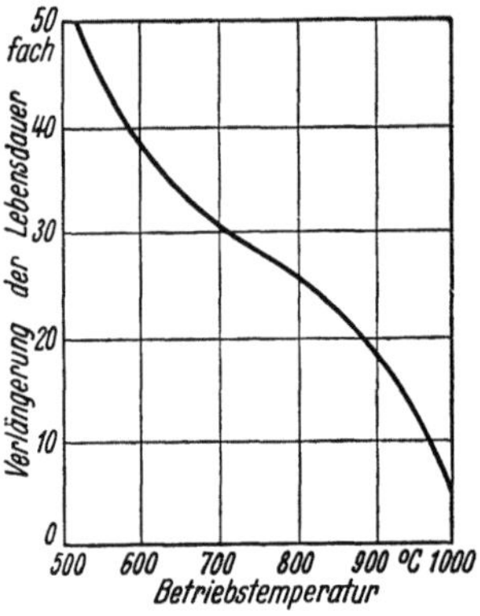

Außer diesem Alumetierverfahren wurde im Schrifttum schon auf andere mögliche Diffusionsvorgänge in Verbindung mit dem Metallspritzverfahren hingewiesen, so z. B. Kupfer in Eisen, Zink in Kupfer sowie Nickel, Chrom und deren Legierungen in Eisen, diese Legierungen auch in Verbindung mit Aluminium und Silizium.

Durch eine Erhitzung der Spritzschicht über die Anlaßtemperatur hinaus ist es möglich, sie zu verdichten. Diese Verdichtung entsteht durch das in den Poren sich bildende Oxyd. Inwieweit dies der Fall bei den einzelnen Metallen ist, gibt Tab. 17[2] an.

Abb. 37. Verbesserung der Wärmebeständigkeit durch Aufspritzen von Aluminium.

Es bleibt bei diesen thermischen Nachbehandlungen nicht aus, daß einer der Hauptvorteile des Metallspritzverfahrens hinfällig wird. Es ist dies die geringe Erwärmung des Werkstückes beim Aufspritzen. Aus diesem Grunde können die thermischen Verfahren auch nur dort angewandt werden, wo die Anwendung höherer Temperatur keinen schädlichen Einfluß auf das Werkstück hat.

Tabelle 17. Größe der Verdichtung von Spritzschichten durch eine Wärmebehandlung. Versuchsdauer etwa 3 min.

Werkstoff	Behandlung	Verdichtung
Kupfer	Erhitzen (blau anlaufend)	1,5- bis 11fach
Kupfer	Glühen	etwa 11fach
Aluminium	Glühen	3,5- bis 17fach
Zink	Erhitzen	etwa 11fach
Nichtrostender Stahl .	Glühen u. Abschrecken	3,3- bis 8fach
Stahl	Glühen	2,5- bis 3,5fach

VI. Die Eigenschaften der Spritzschichten.

Die Spritzschichten besitzen einige kennzeichnende Eigenschaften die mehr oder weniger von den entsprechenden Eigenschaften des gewalzten oder gegossenen Werkstoffes abweichen.

Diese Eigenschaften sind in der Hauptsache 1. das Gefüge der Schicht, 2. die Dichte[3] bzw. Wichte, im Falle einer Spritzschicht besser Raumeinheitsgewicht (Rohwichte), 3. die Dichtigkeit, 4. die Härte, 5. die Haftfestigkeit, 6. die Verschleißfestigkeit, sowie 7. die Schrumpfung. Diese Eigenschaften werden maßgebend bestimmt durch die Art der Entstehung der Spritzschicht und lassen sich

---

[1] SCHOOP u. DAESCHLE: s. S. 3.
[2] REININGER, H. u. A. REISSIG: Der gegenwärtige Entwicklungsstand der Metallspritztechnik s. S. 31.
[3] Definition nach „Hütte" 1949, Bd. 1, S. 784:
Dichte ϱ = spez. Masse = Masse/Volumen = Masse der Raumeinheit eines Körpers.
Wichte γ = Gewicht/Volumen = Gewicht der Raumeinheit eines Körpers.
Raumeinheitsgewicht (Rohwichte) ist das spez. Gewicht nicht homogener Körper in dem jeweils angegebenen Zustand.

durch Änderung der Spritzbedingungen in kleineren Grenzen zu mehr oder weniger brauchbaren Werten abwandeln. Die Art des Einflusses der Spritzbedingungen auf die Dichte, die Härte, die Haftfestigkeit, die Verschleißfestigkeit gibt die Kurvenzusammenstellung Abb. 38 an.

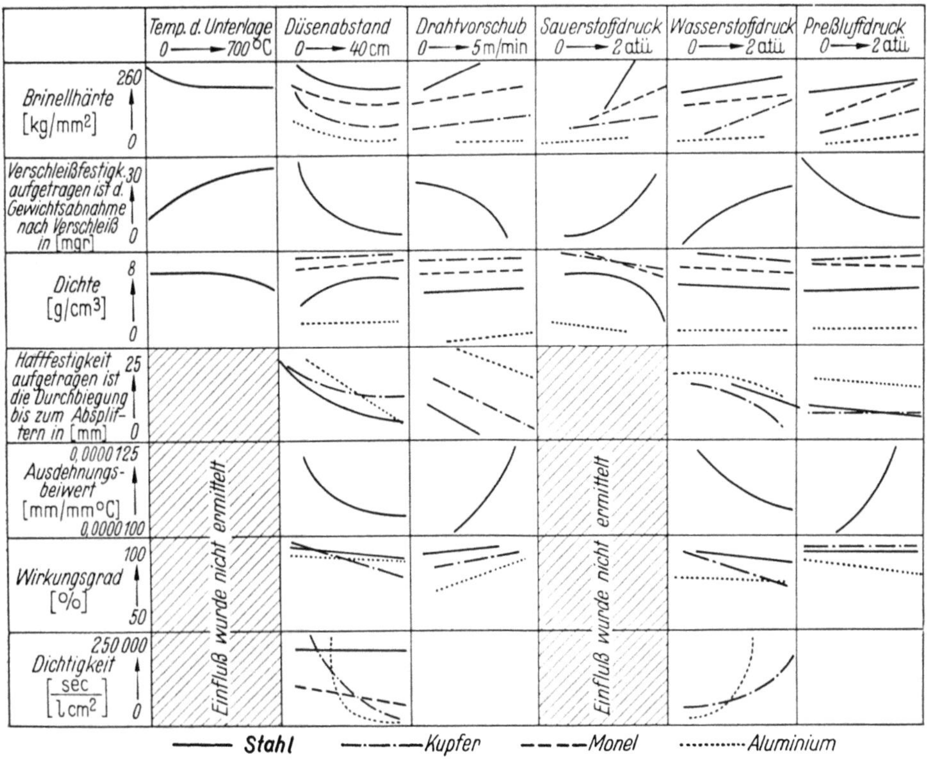

Abb. 38. Die Eigenschaften der Spritzschichten in Abhängigkeit von den Betriebsbedingungen.

Eine genaue Kenntnis dieser Einflüsse ist notwendig, um Mißerfolge zu vermeiden. In jedem einzelnen Bedarfsfalle sind die wichtigsten Anforderungen an die Schicht festzustellen. Man wird sehr oft zu Kompromißlösungen kommen müssen.

1. Das Gefüge der Schicht. Um das Gefüge einer gesprizten Metallschicht und die Bindung dieser Schicht mit dem Grundwerkstoff untersuchen zu können, werden Proben derart herausgeschnitten, daß Spritzschicht und Grundwerkstoff zu sehen sind. Beim Polieren ist darauf zu achten, daß die Naht zwischen Grundwerkstoff und Spritzschicht nicht durch eingepreßte Poliermasse erweitert wird oder sich ausgeprägter zeigt als sie in Wirklichkeit ist.

Abb. 39. Schematische Darstellung des Gefügebildes einer Spritzschicht.

Da die Spritzschicht (Abb. 39) sich aus vielen kleinen Metallteilchen zusammensetzt, die nicht miteinander verschweißen, bildet sie auch kein gewöhnliches zusammenhängendes Gefüge bekannter Art. Die einzelnen Teilchen sind entweder ein Einkristall oder besitzen infolge des Schmelz- und Erstarrungsvorganges das Gefüge des entsprechenden Metalls (Abb. 39 u. 40). Die aufgesprizten Teilchen lagern sich in unregelmäßiger Form schichtenweise an den Grundwerkstoff an, wobei die nachfolgenden Teilchen infolge ihrer Bildsamkeit und Wucht beim Auftreffen sich weitgehend in die Unebenheiten der vorhergehenden Teilchen bzw. des Untergrundes

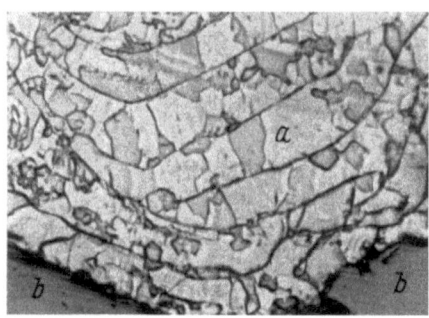

Abb. 40. Gespritzte Zinkschicht. $v = 500$ geätzt.
a Spritzteilchen b Grundwerkstoff.

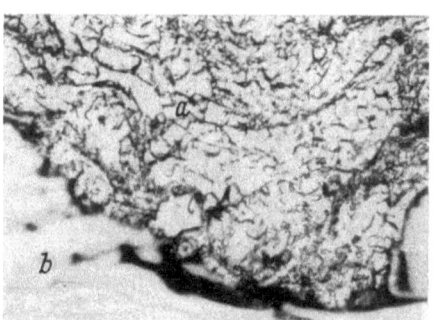

Abb. 41. Verklammerung der Spritzteilchen mit den Unebenheiten der Unterlage. $v = 500$ geätzt. a Spritzschicht, b Grundwerkstoff.

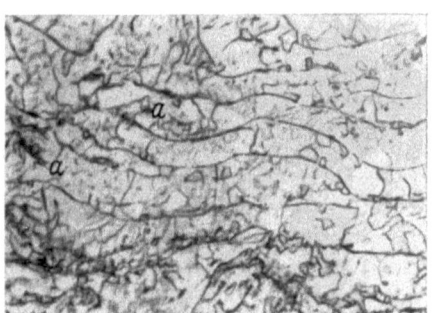

Abb. 42. Oxydeinschlüsse a in der Spritzschicht. Gespritzte Zinkschicht. $v = 500$ geätzt.

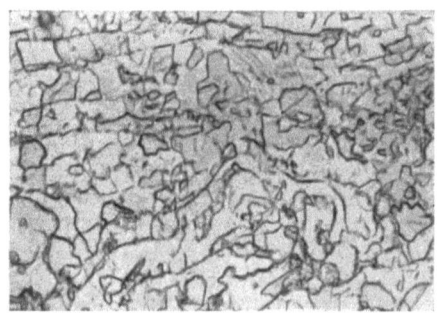

Abb. 43. Feinkörnige Spritzschicht mit mäßigen Poren und Oxydeinschlüssen bei normalen Spritzbedingungen. Gespritzte Zinkschicht. $v = 500$ geätzt.

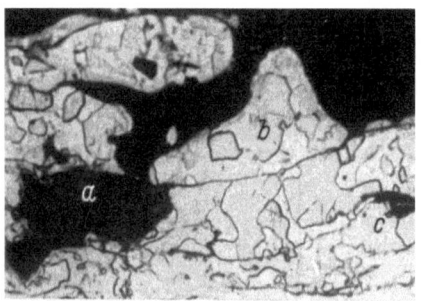

Abb. 44. Anstieg der Porösität und Verringerung der Oxydation bei Azetylenüberschuß und zu großem Drahtvorschub. Gespritzte Zinkschicht. $v = 500$ geätzt. a Porenkanal, b Spritzteilchen, c Pore.

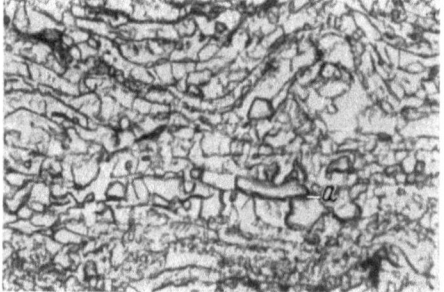

Abb. 45. Starke Zunahme der Oxydation infolge Sauerstoffüberschusses. Gespritzte Zinkschicht. $v = 500$ geätzt. a Oxydeinschluß.

einpassen und verklammern. Abb. 40 zeigt sechs solcher Schichten übereinander mit guter Verklammerung[1]. In Abb. 41 zeigt sich die Anpassung der Spritzschicht

---

[1] KREKELER: Über die Metallurgie des Metallspritzens. Metalloberfläche 4. Aufl. 1950, Heft 10, S. 151/5.

an den Grundwerkstoff. Natürlich bleiben hier und da auch Hohlräume bestehen, die die Porosität der Schicht hervorrufen. Da sich die Teilchen infolge der Flammeneinstellung und während ihres Fluges mit mehr oder weniger starken Oxydhäuten umgeben, finden sich diese im Gefüge wieder. Sie lagern sich teils um die Teilchen herum oder bilden an einzelnen Stellen Oxydnester (Abb. 42). Die Größe der Spritzteilchen sowie die Porosität und Menge der Oxydeinschlüsse werden in starkem Maße durch die Spritzbedingungen beeinflußt.

Unter gewöhnlichen Spritzbedingungen zeigt das Gefügebild feinkörnige Spritzteilchen mit z. T. Einzelkristallen und mäßigen Poren und Oxydeinschlüssen (Abb. 43). Bei Sauerstoff- oder Azetylenüberschuß sowie bei zu großem Drahtvorschub steigt die Größe der Spritzteilchen an, so daß man innerhalb dieser Großteilchen das Mikrogefüge des Spritzdrahtes wieder finden kann. Bei Azetylenüberschuß oder zu großem Drahtvorschub steigt gleichzeitig die Porosität sehr stark an, während infolge der reduzierenden Flamme die Oxydation abnimmt (Abb. 44). Bei Sauerstoffüberschuß nimmt die Oxydation stark zu (Abb. 45).

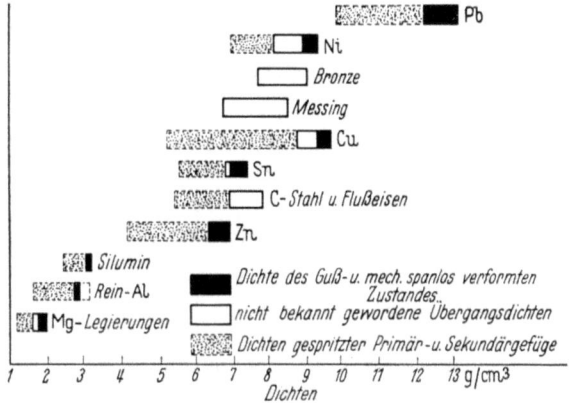

Abb. 46. Die Dichten von verschiedenen Metallen. Gußzustand, mechanisch spanlos verformter und gespritzter Zustand.

2. Die Dichte der Spritzschichten, d. h. die Raumeinheitsdichte gespritzter Schichten, als Masse/Volumen (g/cm³) definiert, liegt naturgemäß unter der Dichte von gewalzten oder gegossenen Werkstoffen. Wenn sich diese Eigenschaft auch durch mechanische Nachbehandlungen der Schichten weitgehend verbessern läßt, so erreicht sie doch nie die Werte gewalzter oder gegossener Werkstoffe (Abb. 46). Der Grund hierfür liegt in der durch die Eigenart des Zustandekommens einer Spritzschicht begründeten Porosität und Oxydhaltigkeit der Schicht, die sich nicht ganz beseitigen läßt.

Die Dichte wird in den üblichen Grenzen durch den *Düsenabstand* wenig beeinflußt. Ist der Düsenabstand jedoch sehr gering, so sinkt die Dichte wegen der Schwammigkeit der Schicht ab. Auch bei ungewöhnlich großem Abstand nimmt die Dichte ab, da hier die Porosität infolge der zu geringen Aufprallwucht stark ansteigt.

Durch den *Drahtvorschub* wird die Dichte infolge des bei steigendem Vorschub größeren Kornes und abnehmenden Oxydgehaltes beeinflußt. Infolge des gröberen Kornes steigt die Porosität und damit sinkt die Dichte. Je nachdem nun die Oxyde des verspritzten Metalles spezif. leichter oder schwerer sind, wird dieses Absinken der Dichte aufgewogen oder verstärkt. Bei Al z. B. sind die Oxyde spezif. schwerer als das Metall. Der abnehmende Oxydgehalt verstärkt also die infolge der größeren Porosität absinkende Tendenz der Dichte. Durch das größere spezif. Gewicht der Al-Oxyde ist es auch zu erklären, daß von ROLLASON[1] bei gespritztem Al eine größere Dichte festgestellt wurde als bei gegossenem Al.

---

[1] ROLLASON, E. C.: J. Inst. Metals Vol. LX. No. 1 (1937) S. 35/66.

Da mit wachsendem *Sauerstoffdruck* die Oxydation zunimmt, ist auch hier im allgemeinen ein Absinken der Dichte festzustellen. Lediglich in den Fällen, in denen das Metalloxyd spezif. schwerer ist als das reine Metall, ist ein Ansteigen der Dichte möglich.

Steigender *Gasdruck* läßt die Dichte infolge der starken Porosität der Schicht absinken, während der in üblichen Grenzen steigende Preßluftdruck sie anwachsen läßt.

Anhaltspunkte für Spritzbedingungen zur Erzielung hoher Dichten gibt Tabelle 18.

Tabelle 18. Spritzbedingungen zur Erzielung hoher Dichten[1].

Werkstoff	Abstand cm	Wasserstoffdruck atü	Sauerstoffdruck atü	Preßluftdruck atü	Drahtvorschub m/min
Eisen	20	1,8	1,7	2,2	2,0
Kupfer	20	1,6	1,5	2,2	3,0
Monelmetall	20	1,6	1,5	2,2	3,0
Aluminium	20	1,3	1,2	2,2	5,5

Von großem Einfluß auf die Dichte ist nach zahlreichen Untersuchungen die Art der verwendeten Pistole. Diese Untersuchungen haben z. B. in Übereinstimmung ergeben, daß die Dichten der mit einer Pulverpistole gespritzten Schichten weit unter denen der mit einer Drahtpistole gespritzten Schichten liegen. Dies liegt wohl darin begründet, daß die Spritzteilchen bei einer Pulverpistole oft nicht so hoch erhitzt und ganz geschmolzen werden wie bei einer Drahtpistole. Infolgedessen treffen sie kälter auf und passen sich schlechter den Unebenheiten an. Dies hat eine stärkere Porosität zur Folge.

3. Die Dichtigkeit und Porosität der Spritzschichten werden gemeinsam behandelt, da sie miteinander gegenläufig ansteigen oder absinken. Dies ist ohne weiteres verständlich, wenn man beachtet, daß die Dichtigkeit, d. h. die Durchlässigkeit einer Schicht, die Folge ihrer mehr oder weniger starken Porosität ist. Diese beiden Eigenschaften werden durch die Spritzbedingungen derart beeinflußt, daß die Dichtigkeit bei steigendem Spritzabstand infolge des durch geringere Aufprallwucht bedingten lockeren Gefüges stark absinkt. Die Porosität steigt also an. Ebenso ist es bei steigendem Drahtvorschub wegen der auftretenden Kornvergrößerung und der damit verbundenen schlechteren Anpassung an die Unebenheiten der Unterlage. Das gleiche gilt für den Gasüberschuß. Durch Sauerstoffüberschuß steigt dagegen die Dichtigkeit an, d. h. die Porosität nimmt ab. Dies ist dadurch begründet, daß die Poren sich z. T. mit Oxyden zusetzen. Ebenso bewirkt steigender Preßluftdruck eine Abnahme der Porosität und damit eine größere Dichtigkeit. Durch die erhöhte Aufprallwucht werden die Spritzteilchen fest in alle Unebenheiten gehämmert, wobei die Anzahl der Poren gering bleibt. Anhaltswerte zur Erzielung einer hohen Dichtigkeit gibt die Tab. 19.

Stark beeinflußt ist die Dichtigkeit verständlicherweise durch die Schichtdicke Bei dickeren Schichten nimmt die Dichtigkeit trotz Porosität bis zur vollkommenen Undurchlässigkeit infolge Porenüberschichtung zu. Um dies zu erreichen, muß die Schichtdicke für alle Metalle im Mittel etwa 0,5 mm betragen. Dies stellt natürlich die Haftfestigkeit und die Rentabilität des Verfahrens oft in Frage und bedarf vor Ausführung einer sorgfältigen Betrachtung bezüglich der Zweckmäßigkeit, wobei die beiden Fragen maßgebend sind, ob erstens die Haftfestigkeit noch gegeben ist

---

[1] THORMANN, H. U.: S. S. 6.

Tabelle 19. Spritzbedingungen zur Erzielung einer hohen Dichtigkeit nach REININGER.

Werkstoff	Spritzabstand cm	Wasserstoffdruck atü	Sauerstoffdruck atü	Preßluftdruck atü	Drahtvorschub m/min
Nichtrostender Stahl	20	1,8	1,7	2,7	1,6
Stahl	20	1,8	1,9	2,2	1,2
Kupfer	10	2,4	2,4	2,7	4
Aluminium	5	2,4	2,3	2,7	6
Zink	5	1,8	1,65	2,4	5
Blei	5	1,6	1,5	2,0	4,4

(z. B. bei Aufspritzungen zylindr. Teile ohne weiteres), und zweitens, ob die entstehenden Kosten die Anwendung des Verfahrens noch rechtfertigen.

4. **Die Härte der Spritzschichten** liegt fast immer über der Härte des Ausgangswerkstoffes. Dies ist einmal durch den Oxydgehalt der Schicht bedingt und zum anderen dadurch, daß die hocherhitzten Spritzteilchen einer schnellen Abkühlung unterworfen sind, also praktisch abgeschreckt werden. Ein weiterer Grund ist darin zu sehen, daß die aufgespritzten Teilchen durch die Aufprallwucht der nachfolgenden zusammengepreßt und eingehämmert werden, was eine mechanische Verfestigung zur Folge hat. Ausschlaggebend für die Härte einer Spritzschicht sind, abgesehen von der Härte des verwendeten Werkstoffes, die Spritzbedingungen.

Mit zunehmendem Spritzabstand sinkt die Härte bis auf einen verhältnismäßig niedrigen konstanten Wert ab. Der Grund hierfür ist darin zu suchen, daß die Teilchen bei größerem Abstand nicht mehr mit so großer Wucht ineinander gehämmert werden. Mit steigendem Drahtvorschub, steigendem Gas-, Sauerstoff- und Preßluftdruck nimmt die Härte zu.

Während in den beiden ersten Fällen diese Härtezunahme durch eine Kornvergrößerung hervorgerufen wird, kommt im Falle des ansteigenden Sauerstoffdruckes noch ein starkes Anwachsen der Oxydation hinzu. Bei steigendem Preßluftdruck wächst die Härte durch die größere Aufprallwucht, die die Spritzteilchen besser ineinander hämmert. Anhaltswerte über die Spritzbedingungen zur Erzielung einer großen Härte gibt die Tab. 20. Durch die angegebenen Werte wird die Haftfestigkeit nur mäßig beeinflußt.

Tabelle 20. Spritzbedingungen für eine große Härte bei verschiedenen Werkstoffen. (Nach THORMANN u. REININGER.)

Metall	Abstand cm	Wasserstoffdruck atü	Sauerstoffdruck atü	Preßluftdruck atü	Vorschub m/min
Stahl	10···15	2···2,3	2···2,3	3,0	2,5···3,0
Kupfer	10···15	1,8	1,8	3,1	4,5
Monelmetall	10···15	2,0	2,0	3,0	3,0
Aluminium	10···15	1,6	1,6	3,0	6,0

5. **Die Haftfestigkeit der Spritzschichten.** Über die Vorbereitung des Untergrundes wurde auf S. 24—27 das Notwendige gesagt, so daß hier nur noch die reinen Spritzbedingungen behandelt werden.

Mit wachsendem Düsenabstand sinkt die Haftfestigkeit, da die Teilchen sowohl an Aufprallwucht als auch an Bildsamkeit verlieren und sich nicht mehr genügend verankern. Durch steigenden Drahtvorschub sinkt die Haftfestigkeit ebenfalls ab, da die Korngröße der Spritzteilchen wächst und diese sich daher den Unebenheiten der Unterlage schlechter anpassen können. Das gleiche ist bei steigendem Gas- und Sauerstoffdruck der Fall.

Von weiterem Einfluß auf die Haftfestigkeit ist auch die Dicke der aufgespritzten Schicht. Mit deren Anwachsen sinkt die Haftfestigkeit stark ab. Der *Biegewinkel* wird ebenfalls mit steigender Schichtdicke geringer (Abb.47).

Der *Biegewinkel* wird nach DIN 50121 in folgender Weise bestimmt: Eine Probe von 30 mm Breite wird mit einer Schicht bespritzt und so gebogen, daß die Spritzschicht auf der dem Biegedorn entgegengesetzten Seite liegt. Der Dorn hat einen Durchmesser von 10 mm, die Auflagerollen einen solchen von 50 mm. Ihr Abstand beträgt Dorndurchmesser plus dreifache Probendicke. Als Biegewinkel gilt der Winkel, bei dem die Probe den ersten Anriß zeigt.

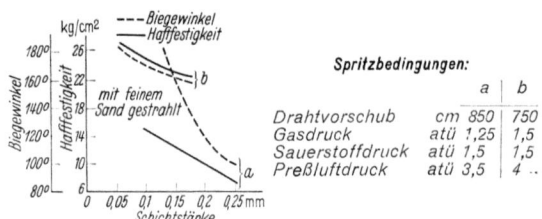

Abb. 47. Die Haftfestigkeit und der Biegewinkel zweier gespritzter Zinkschichten in Abhängigkeit von der Schichtdicke.

Als Anhalt für die günstigsten Bedingungen für eine gute Haftfestigkeit kann die Tab.21 gelten. Die Werte gelten für die bei den Untersuchungen verwandten Spritzpistolen. Sie können auch als Richtlinien für andere Pistolen gelten.

6. Die Verschleißfestigkeit der Spritzschichten. Bezüglich der Verschleißfestigkeit lassen sich schwer Vergleiche zwischen dem gespritzten und gewalzten oder gegossenen Werkstoff ziehen; insbesondere, da diese Eigenschaft der gespritzten Schichten noch Gegenstand eingehender Versuche ist. Hier spielen Art und

Tabelle 21. Spritzbedingungen für eine gute Haftfestigkeit bei verschiedenen Werkstoffen. (Nach THORMANN u. REININGER.)

Werkstoff	Spritzabstand cm	Wasserstoffdruck atü	Sauerstoffdruck atü	Preßluftdruck atü	Drahtvorschub m/min.
Nichtrostender Stahl	10	2,5	2,5	3,0	2,3
Stahl	20···25	1,8	1,7	2,1	1,8
Eisen	15	1,6	1,5	2,2	2,0
Kupfer	15	1,4	1,3	2,2	2,5
Aluminium	15	1,3	1,2	2,2	3,5
Zink	15	0,7	0,6	2,4···3	4,2

Umstände der Verschleißbeanspruchung eine sehr große Rolle. THORMANN kommt auf Grund von eigenen Versuchen zu dem Schluß, daß die Verschleißfestigkeit gespritzter Schichten immer weit unter der des gegossenen Werkstoffes liegt. In mehreren Veröffentlichungen anderer Forscher wird angegeben, daß die Verschleißfestigkeit gespritzter Schichten bei Gleitlagern infolge ihrer Porosität und der damit verbundenen ausgezeichneten Lauf- und Notlaufgemeinschaften wesentlich besser als die des ursprünglichen Werkstoffes sei.

Bei vergleichender Betrachtung der bisherigen Veröffentlichungen kann man zu dem Schluß kommen, daß die Verschleißfestigkeit gespritzter Schichten höher als bei gewalzten und niedriger als bei gegossenen Werkstoffen ist.

Mit steigendem Spritzabstand fällt nach THORMANN der Verschleiß stark ab und zwar bei Vergrößerung des Spritzabstandes von 10 auf 40 cm um etwa 300%. Gleichfalls sinkt der Verschleiß mit steigendem Drahtvorschub infolge der Abnahme des Oxydgehaltes. Mit steigendem Sauerstoffdruck steigt er wegen Zunahme des Oxydgehaltes an. Mit dem Gasdruck nimmt der Verschleiß auch wieder zu. Dieses dürfte in der größeren Porosität der Schicht begründet sein. Dagegen nimmt der Verschleiß mit steigendem Preßluftdruck ab, da die Teilchen eine dichtere und damit auch glattere Schicht bilden. Tab. 22 gibt die Spritzbedingungen für größtmögliche Verschleißfestigkeit an.

Tabelle 22. Spritzbedingungen für eine gute Verschleißfestigkeit bei Stahl.
(Nach Thormann.)

Werkstoff	Spritzabstand cm	Wasserstoffdruck atü	Sauerstoffdruck atü	Preßluftdruck atü	Drahtvorschub m/min
Stahl	30	1,2	1,1	3,0	3,0

7. Die Schrumpfung der Spritzschichten. Jedes Spritzteilchen unterliegt beim Erkalten einer Schrumpfung. Wird eine zusammenhängende Schicht sehr schnell gespritzt, so wird die Schrumpfung der einzelnen Teilchen verhindert und die Schicht zieht sich als Ganzes zusammen. Infolge der großen Längenänderung kann die Schicht vom Haftgrund gelöst werden. Durch geeignete Arbeitsverfahren kann dies jedoch weitgehend vermieden werden, falls die Schrumpfung unerwünscht ist[1]. In diesem Falle ist es notwendig, den Untergrund erst so dünn aufzuspritzen, daß keine zusammenhängende Schicht entsteht. Dann kann sich jedes Teilchen mit der Unterlage verklammern und für sich zusammenziehen. Die entstehenden Zwischenräume werden von den nachfolgenden Teilchen ausgefüllt, die dann nicht mehr in der Lage sind, die ersten Spritzteilchen von der Unterlage loszureißen. Die Schrumpfung ist also weniger den Spritzbedingungen als der Art der Arbeitsführung unterworfen.

VII. Die Anwendungsgebiete des Metallspritzens.

Die Anwendungsgebiete sind sehr vielseitig, doch sind dem Verfahren viele und manchmal sehr enge Grenzen gesetzt, die beachtet werden müssen[2]. Man kann folgende Anwendungsgebiete unterscheiden[3]:
1. Die Anwendung im Maschinenbau.
2. Die Anwendung zum Zwecke des Korrosionsschutzes.
3. Die Metallisierung nichtmetallischer Stoffe.
4. Das Verspritzen von Kunststoffen.

A. Die Anwendung im Maschinenbau.

Im Maschinenbau wird in der Hauptsache Stahl gespritzt, um beschädigte Teile auszubessern oder abgenutzte wieder gebrauchsfähig zu machen. Weiterhin kann man von vornherein die dem Verschleiß ausgesetzten Stellen von Werkstücken aufspritzen, um nicht das ganze Werkstück aus verschleißfestem Werkstoff herstellen zu müssen.

1. Anwendung zur Ausbesserung verschlissener oder fehlerhafter Teile. In der ersten Zeit wurde das Stahlspritzen nur zu Ausbesserungszwecken verwandt. Verschlissene Wellen, Zapfen, Lager, Kugellagersitze, Kurbelwellen und Gleit-

---
[1] Steinemer, K.: Das Spritzen auf Dichtigkeit bei Stahl- und Metallspritzen. Maschinenmarkt 56 Nr. 87/88.
[2] Püschel.: Problemstellung der Metallspritztechnik, s. S. 28.
[3] Steinemer, K.: Oberflächenschutz durch das Metallspritzverfahren. Maschinenmarkt 57 (1951) Nr. 88.

bahnen wurden nach einer entsprechenden Vorbehandlung (Säubern, Aufrauhen) (Abb. 33) mit einem verschleißfesten Stahl bespritzt und neu geschliffen. Sie waren dann wieder voll verwendungsfähig (Abb. 48, 49).

Ein anderes Anwendungsgebiet ist die Ausbesserung von fehlerhaften Metallgußstücken. Lunker, Blasen oder Ausbrüche werden nach einer Vorbehandlung ausgespritzt und so voll verwendungsfähig gemacht (Abb. 33). Wenn die Fehlerstellen mit dem gleichen Werkstoff ausgespritzt werden, aus dem das Gußstück besteht, verhalten sich die ausgebesserten Stellen auch gegen Korrosion genau so wie das Gußstück[1]. In der Gießereipraxis wird das Aufspritzen metallischer Überzüge auf Gußstücke einschließlich Grauguß auch zum Zwecke des Schutzes gegen Korrosion und Zundern oder zur Ausbesserung angewandt.

Abb. 48. a Ausgeschlagener Kugellagersitz einer Hinterachsbrücke vor dem Aufspritzen; b mit aufgespritztem Stahlring; c fertig geschliffen.

Nachdem es anfangs nicht möglich war, Risse oder Ausbrüche an Gußkörpern, wie Motoren, Zylinderköpfen, Ölwannen, Heizungsgliedern, Kompressoren, Pumpengehäusen usw., mit Stahl auszubessern und dicht zu spritzen, ist auch dies in den letzten Jahren gelungen[2]. An der Stelle des Risses wird eine schwalbenschwanzförmige Nut mit Hilfe von Spezialfräsern eingearbeitet, wobei die genaue Form der Nut wichtig ist. Nach mechanischer oder elektrischer Aufrauhung wird dann in diese vorbereitete Nut mit geringem Spritzabstand und unter schnellem Vorbeistreichen mit der Pistole eine dünne Lage Stahl gespritzt, wobei sich eine zusammenhängende Schicht noch nicht bilden kann. Die einzelnen Spritzteilchen verankern sich hierbei fest in die Unebenheiten und können beim Erkalten jedes für sich schrumpfen. Beim Überspritzen füllen die nachfolgenden Teilchen die Lücken. Nachdem dieser Vorgang einige Male wiederholt worden ist, hat sich auf dem Boden der Nut eine zusammenhängende dichte Schicht gebildet, die keiner Schrumpfung mehr unterworfen ist. Nunmehr kann der Rest der Nut in einem Arbeitsgang ausgespritzt werden, ohne daß diese zweite Schicht in der Lage ist, die Grundschicht von der Unterlage abzureißen. Können am oder in der Nähe des Risses Zugspannungen auftreten, so ist der Riß zweckmäßig erst elektrisch zu schweißen und dann nach Aufrauhung dicht zu spritzen, da die Schicht nur geringe Zugfestigkeit aufweist.

Abb. 49. Kurbelwelle mit aufgespritzten Lagerstellen.
(Werkfoto der Fa. Schlüpmann, Menden.)

---

[1] FRITZ, I. C.: Ein neues Instandsetzungsverfahren für verletzte Gußkörper. Die neue Gießerei (1950) H. 12.
[2] STEINEMER, K.: Das Spritzen auf Dichtigkeit beim Stahl- und Metallspr. s. S. 39.

Geschweißte oder genietete Nähte, die nicht dicht sind, können durch Aufspritzen eines metallischen Überzuges abgedichtet und gleichzeitig gegen Korrosion geschützt werden[1].

2. Metallspritzen zum Verschleißschutz. Man stellte fest, daß die gespritzten Gleitflächen in mancher Hinsicht den normalen Gleitflächen überlegen waren. Die Verschleißfestigkeit war angestiegen und diese Flächen hatten bedeutend bessere Lauf- und Notlaufeigenschaften. Dementsprechend ist auch die Abnutzung der Lagerschalen bedeutend geringer. Die Porosität der gespritzten Flächen, die beim Korrosionsschutz ein Nachteil ist, ist hier von großem Nutzen für die Laufeigenschaften. Die Poren der Spritzschicht nehmen Öl auf, welches sie während der Laufzeit der Maschine oder beim Versagen der Schmierung wieder abgeben. Auch zwei gespritzte Laufflächen laufen befriedigend miteinander. In Ausnutzung obiger Vorteile gespritzter Gleitflächen ging man bald dazu über, Wellen und Zapfen von vornherein mit einer gespritzten Lauffläche zu versehen (Abb. 50). Man hat damit die besten Erfahrungen gemacht. In einem Fall zeigten gußeiserne Tauchkolben nach einem Betriebsjahr noch keine merkbare Abnutzung.

Abb. 50. Aufspritzen einer Lagerstelle mit verschleißfestem Stahl. (Werkfoto der Fa. Rudolf Rengshausen K.G. Wien.)

Bei der Herstellung von Verbundlagern nach dem Metallspritzverfahren zeigten sich ebenfalls sehr gute Ergebnisse[2]. Gußeiserne Stützschalen wurden mit Bronze ausgespritzt und waren selbst den Vollbronzelagern überlegen. Die Schalen werden nach entsprechender Vorbereitung ohne Vorwärmung bei einer Umfangsgeschwindigkeit von 10···30 m/min und einem Vorschub von 1···2 mm/Umdr. auf einer Drehbank gespritzt, wobei GBz 14 als Spritzmaterial vollkommen genügt. Zum Fertigbohren dienen geläppte Hartmetallwerkzeuge mit den üblichen Schnittgeschwindigkeiten und Vorschüben für Bronze[3]. Ein Selbstkostenvergleich zeigt die gute Wirtschaftlichkeit dieses Verfahrens.

Wenn Werkstücke nur an einzelnen Stellen hoch beansprucht werden, so kann man sie dort leicht mit einem verschleißfesten Werkstoff aufspritzen, während als Grundwerkstoff ein minderwertigeres Material verwendet wird (Abb. 50). Durch diese Anwendungsmöglichkeit lassen sich sehr oft hohe Kosten und große Mengen hochwertiger Werkstoffe einsparen. Durch die Möglichkeit, schwer schmelzbare Metalle und sogar Hartmetalle mit Hilfe der Elektropistole zu verspritzen, kann das Verfahren auch in der spanlosen Formgebung angewandt werden. Die Herstellung von Formen und

Abb. 51. Herstellung einer Matrize für Schuhabsätze. Links: Original-Absatz, Mitte: Bleimatrize. Rechts: In 35 min gespritzte SM-Stahl-Matrize.

---

[1] MEYER, M.: Dichtung eines Gasbehälters durch Metallspritzen. Monatsbericht schweiz. Ver. Gas- und Wasserfachmann 23 (1943) 7, S. 139.

[2] ROTHENBERG, O.: Werkzeugmaschinenlager mit Gußeisenstützschale und aufgespritzter Bronzelauffläche. Masch.-Bau-Betrieb 20 (1941) S. 527/30.

[3] ROTHENBERG, O.: Das Metallspritzen als Fertigungsmittel. Masch.-Bau-Betrieb 21 (1942) S. 93 u. 216.

Matrizen ist nach den üblichen Verfahren sehr umständlich und teuer. Durch die Anwendung des Metallspritzens lassen sich diese Aufwendungen um ein Wesentliches herabsetzen.

Man stellt Kunststofformen aus Gips, Holz oder Blei als Grundwerkstoff her und überspritzt sie dann mit Metall. Die erforderliche Steifigkeit wird durch Besprtzen der Rückseite erreicht. Als Beispiel für die Zeitersparnis sei die Herstellung einer Absatzmatrize angeführt, die in 35 Minuten mit SM-Stahl fertiggespritzt werden kann (Abb. 51). Um die Härte der Form noch zu steigern, wird der Preßluftdruck erhöht. Bei einer Erhöhung von 7 auf 14 atü nimmt die Härte infolge der größeren Auftreffwucht der Teilchen um 30% zu[1]. Nach neueren Ergebnissen ist bei martensitischem Stahl und hohem Kohlenstoffgehalt eine Aufhärtung von höchstens 10% möglich.

B. Die Anwendung des Metallspritzens für den Korrosionsschutz.

Um das Verfahren mit Erfolg anwenden zu können, ist eine genaue Kenntnis der Korrosionsvorgänge notwendig. Es muß bekannt sein, welcher Art die auftretende Korrosion ist, welchen Platz die in Frage kommenden Werkstoffe in der Spannungsreihe haben, und wie sich die Porosität der Spritzschicht auswirkt. Tritt der Fall ein, daß diese Porosität die Schutzwirkung des Überzuges erheblich verschlechtert, so ist sehr genau zu prüfen, inwieweit und wodurch die Porosität vermieden werden kann, und ob die hierfür aufzubringenden Kosten das Verfahren noch wirtschaftlich machen. *Ist die Porosität mit rentablen Mitteln nicht mit Sicherheit zu beseitigen, so ist unbedingt von der Anwendung des Verfahrens abzuraten.*

Grundsätzlich kann gesagt werden, daß die Porosität immer dann schädlich ist, wenn es sich um elektrolytische Korrosionen handelt und das Überzugsmetall edler als das Grundmetall, d.h. in der Spannungsreihe kathodischer ist. Dies ist z. B. der Fall, wenn Kupfer, Blei oder Zinn auf Eisen aufgespritzt wird. In der Pore bildet sich dann bei Hinzutreten eines Elektrolyten ein Lokalelement, welches das unedlere, also in diesen Fällen das Grundmetall Eisen, zwingt, in Lösung zu gehen und so den Beginn der Zersetzung einleitet.

Ist das Überzugsmetall unedler als das Grundmetall, so verläuft der Vorgang umgekehrt. Das unedlere Metall wird zur Anode und schickt seine positiv geladenen Ionen in Lösung. Diese verdrängen den Wasserstoff des Elektrolyten, der als Kation zum edleren kathodischeren Metall wandert, dort seine positive Ladung abgibt, molekularisiert wird und dieses Metall zur Kathode macht. Das unedlere Überzugsmetall zersetzt sich also und schützt das Grundmetall auch bei vorhandenen Poren. Der sich bei diesem elektrolytischen Vorgang bildende Sauerstoff scheidet sich an dem unedleren Metall ab, während an dem edleren der Wasserstoff abgeschieden wird und ein Hinzutreten von Sauerstoff verhindert. Man bezeichnet dies auch als „Fernwirkung". Der Zersetzungsvorgang dieser Überzugsmetalle geht nur sehr langsam voran, da die sich bildenden Metalloxyde sehr beständig und nicht wasserlöslich sind und das Fortschreiten der Zersetzung hemmen. Im folgenden werden die für den Korrosionsschutz in Frage kommenden Metalle angeführt.

1. Zink eignet sich zur Erzielung eines gegen Atmosphärilien beständigen Überzuges auf Eisen mit Hilfe des Metallspritzverfahrens. Dies ist in der oben geschilderten „Fernwirkung" des Zinks begründet (vgl. Zinkschutzplatten im Schiffbau).

---

[1] SCHOOP, M. U.: Elektrospritzverfahren für Kunstharzpreßformen. Kunststoff 31 (1941) S. 109.

Im Ausland ist die Verwendung von gespritzten Zinkschichten für den Korrosionsschutz weit verbreitet und hat sich gut bewährt. In Deutschland war man bisher noch zurückhaltend. Die Schutzwirkung einer gespritzten Zinkschicht beginnt gegen Atmosphärilien schon bei etwa 0,05 mm Schichtdicke. Mit zunehmender Schichtdicke steigt die Haltbarkeit des Überzuges natürlich an. Doch sollte unter Berücksichtigung der Haft- und Biegefestigkeit sowie der Kosten die Schichtstärke 0,1···0,125 mm (etwa 900···1000 g/m² verspritztes Zink) nicht übersteigen.

2. Aluminium. Einen ähnlichen Korrosionsschutz wie Zinküberzüge bewirken Aluminiumüberzüge. Auch dieses Metall ist gegenüber den meisten anderen Metallen anodisch. Jedoch ist die Fernwirkung hier nicht so ausgeprägt wie bei Zink und es muß auf eine gute Dichtigkeit geachtet werden. Kombinierte Überzüge aus Zn–Al und Al–Zn haben sich gut bewährt, erstere gegen verstärkte Angriffe von Wasser und Dampf, letztere gegen saure Atmosphäre und Industriegase.

Einen besonderen Schutz bieten Aluminiumschichten gegen *Verzunderung*. Bei diesem Verfahren, Alumetierung genannt (vgl. Abschn. V D 2, S. 31), wird das mit Aluminium gespritzte Werkstück mit einer Wasserglaslösung zur Verhinderung einer vorzeitigen Oxydation überzogen. Hierauf wird das Werkstück einige Stunden (die Angaben hierüber sind sehr unterschiedlich) einer Temperatur von 600...900° C ausgesetzt. Durch diese Wärmebehandlung erreicht man, daß das aufgespritzte Aluminium in das Eisen der Unterlage diffundiert. Die sich an der Oberfläche bildende Fe–Al-Legierung ist bis zu einer Temperatur von 1000° äußerst beständig gegen Verzunderung (Tab. 23 u. 24)[1].

Tabelle 23. Verbesserung der Zunderbeständigkeit durch Erhöhung der Diffusionstemperatur nach vorausgegangener zweimaliger Al-Aufspritzung.

Diffusions- glühung Stdn.	Verlust bei 850°, 456 Stdn. g/m² je Std.	Verlust bei 900°, 408 Stdn. g/m² je Std.
800°, 4	3,80	5,21
850°, 3½	1,43	6,58
900°, 3	1,40	2,78
1000°, 2	0,70	1,94

Abb. 52. Aufspritzen einer Walze gleichzeitig mit zwei Spritzpistolen.
(Werkfoto der Fa. Rudolf Rengshausen K.G. Wien.)

Zur Erzielung einer korrosionsbeständigen Schicht soll die Al-Auftragung für Gase mindestens 0,3 mm stark sein.

3. Kadmium hat sich ähnlich bewährt wie Zink und wird in Amerika häufig angewendet. In Deutschland wird es wegen der geringen Vorkommen nicht verwendet. Zudem ist die Schutzwirkung oft schlechter als bei Zink.

Tabelle 24. Energie- und Zeitaufwand sowie Al-Verbrauch bei 3 verschiedenen Zunderschutzverfahren.

Verfahren	Glühtemperatur ° C	Zeit Stdn.	Al-Verbrauch kg/m²
Spritzalitieren	800···850	3···4	0,75
Pulveralitieren	900···1050	4···20	1,2···2,5
Tauchalitieren	1050···1100	3···4	1,2···2,5

4. Nickel und säurebeständige Stähle. Die Verwendung von Nickel und säurebeständigen Stählen hat sich nur da durchgesetzt, wo es auf Grund der Werkstückform möglich ist, dickere Schichten aufzuspritzen (Abb. 52), ohne daß ein Abblättern der Schichten zu befürchten ist, z. B. bei Trockenzylindern von Papiermaschinen.

---

[1] REININGER, H.: Die praktische Nutzanwendung des Metallspritzverfahrens s. S. 31.

Bei diesen Auftragungen tritt bei porösen Schichten der umgekehrte Vorgang wie bei Zink-, Al- und Cd-Auftragungen auf. Dies hat zur Folge, daß die Korrosion an den Poren in verstärktem Maße auftritt.

5. **Messing** ist ebenfalls dem Eisen gegenüber kathodisch und würde daher nur bei einer Auftragung in dicker Schicht vor Korrosion schützen. Diese Starkauftragung ist möglich, wenn die Fläche mittels Lichtbogen kleine Aufschmelzpunkte erhält, die durch ihre Rauhigkeit eine gute Verklammerung ergeben.

Vielfach dienen Messingüberzüge auch zu Dekorationszwecken.

6. **Kupfer** kommt auch bei Dünnauftragungen als Korrosionsschutz kaum in Betracht, da das Eisen dann bei Porosität sehr schnell angegriffen wird. Es wird öfters in den Fällen aufgespritzt, in denen man sich seine guten Wärme- und Stromleitfähigkeit nutzbar macht, z. B. bei Induktionsöfen.

7. **Bronze.** Bronzen werden hauptsächlich für seewasserbeständige Auftragungen und Lagerlaufflächen jeder Art verspritzt.

8. **Zinn.** Durch die Beständigkeit von Zinn gegenüber organischen Substanzen wird dieses Metall sehr viel als Korrosionsschutz in der Nahrungsmittelindustrie verwendet. Eine Anwendung des Metallspritzverfahrens wäre hier sehr vorteilhaft.

Jedoch ist auch dieses Metall zu Eisen kathodisch, weshalb nur Starkauftragungen in Frage kommen. Wegen der Weichheit des Metalls ist jedoch die Möglichkeit gegeben, die Zinnschicht bei dünneren Auftragungen durch mechanische Nachbehandlungen, wie Bürsten, Schwabbeln, Schleifen und Kugelstrahlen, zu verdichten, und die Poren zu schließen. Eine mechanische Verdichtung ist immer zu empfehlen.

9. **Blei.** Hier gilt das gleiche wie für Zinn. Bleiaufspritzungen würden die Kosten für Verbleiungen wesentlich senken. Jedoch kommen nur Starkauftragungen in Betracht. In Ausnahmefällen können auch hier dünnere Schichten bei schwachen Angriffen durch Nachbehandlung verdichtet werden.

10. **Weißmetall** wird in allen gewünschten Qualitäten, in Draht oder in Pulverform verspritzt. Die Laufeigenschaften der Lager sind gut.

C. Metallisierung nichtmetallischer Stoffe.

Ein sehr wichtiges Anwendungsgebiet ist das Metallspritzen in Verbindung mit Kunststoffen. Es ist ohne weiteres möglich, auf Kunststoffe Metallüberzüge durch Aufspritzen aufzubringen. Dies trifft jedoch ohne besondere Unterlage nur bei niedrigschmelzenden Metallen bis etwa 700° zu, da dann die Kunststoffe beim Bespritzen nicht angegriffen werden. Bei hochschmelzenden Metallen muß die Kunststofffläche zum Schutz gegen Verbrennen erst mit einer Schicht aus niedrigschmelzenden Metallen bespritzt werden, auf die dann das höherschmelzende Metall aufgebracht wird.

Weiterhin können viele andere nichtmetallischen Stoffe metallisiert werden, wie Holz (zur Konservierung), Papier, Gewebe, Glas und Porzellan. Dieses eröffnet dem Verfahren viele Anwendungsmöglichkeiten vor allem in der Elektroindustrie[1]. Glas und Papier können zur Herstellung von Kondensatoren besprizt werden.

Verbleite Gewebe finden gute Verwendung als Schutz gegen Röntgenstrahlen, während solche mit Aluminiumüberzügen zum Schutze gegen Hochspannung dienen. Auch Isolatoren können teilweise mit einer Metallschicht überzogen werden.

---

[1] FRITZ, I. C.: Das Flammenspritzen in der Elektrotechnik. Elektro-Anzeiger (1951) H. 43.

Weiterhin ist das Überziehen von Kohlewiderständen und Kohlebürsten an den Kontaktstellen durch Metallspritzen an Stelle der bisherigen Verfahren ohne weiteres möglich.

In der Radioindustrie ist man in Amerika dazu übergegangen, an Stelle der verwirrenden und umständlichen Handverdrahtung eine Spritzverdrahtung einzuführen. Das Chassis wird aus Kunststoff gepreßt, wobei die Kanäle für die Drahtleitung in Form von Einschnitten mit eingepreßt werden. Nach einer Aufrauhung werden diese Einschnitte automatisch ausgespritzt. Man spart durch dieses Verfahren das Einlegen der Drähte sowie die vielen Lötstellen.

Es ist in allen Fällen wichtig, ein Feinkorn mit ausreichendem Spritzabstand zu verspritzen.

D. Das Flammenspritzen von Kunststoffen.

Seit langem war es erstrebenswert, zum Zwecke des Korrosionsschutzes an Stelle von Metallen Kunststoffe zu verspritzen. Seit etwa zehn Jahren ist dieses bei Verwendung von Kunststoff-*Pulver* möglich. Das Problem des Drahtspritzens ist noch nicht gelöst.

Das Kunststoff-Flammspritzen geschieht nach dem gleichen Prinzip wie das Metallpulverspritzen, doch erzielt man eine glatte homogene Schicht. Der Grundwerkstoff wird vor dem Aufspritzen gesandstrahlt und dann auf etwa 150···200° erwärmt, um den aufprallenden Teilchen die nötige Schmelzwärme zu erhalten. Nach Erwärmung des Grundwerkstoffes wird das Kunststoffpulver aufgespritzt, wobei die einzelnen Teilchen die Flamme durchfliegen und geschmolzen werden. Durch richtige Einstellung des Luftdruckes läßt sich die günstigste Flugzeit der Pulverteilchen festlegen und ein Überhitzen des Kunststoffes vermeiden. Die Anwendung ist auf solche Kunststoffe beschränkt, die in der Flamme schmelzbar und trotzdem hitzebeständig sind. Außerdem müssen sie sich in Pulverform herstellen lassen. Die sich bildenden Überzüge haben eine mechan. Haftfestigkeit von etwa 130 kg/cm².

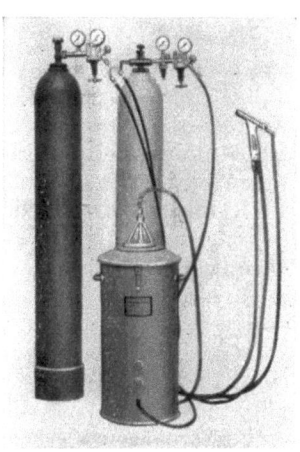

Abb. 53. Kunststoff-Flamm-Spritzanlage (Griesheim).

Sehr nachteilig ist es, daß bei großen Flächen die Schicht nach dem Erkalten infolge des starken Schrumpfens rissig wird. Dies läßt sich auch nicht durch Vorwärmen der Werkstücke ganz verhindern. Man kann die Rißbildung nur vermeiden, indem man kleinere Felder mit dazwischenliegenden freien Räumen aufspritzt. Die Zwischenräume werden dann anschließend nachgespritzt.

1. Das Kunststoff-Flammspritzen nach dem Schori-System. In England war es die Fa. Schori[1], die auch bei dem Metallspritzen nach dem Pulververfahren arbeitet und auf Grund ihrer dort gesammelten Erfahrungen zu den ersten brauchbaren Ergebnissen auf dem Gebiete des Verspritzens von Kunststoffen gelangte. Sie benutzt zu diesem Kunststoff-Flammspritzen die gleiche Pulverspritzpistole wie zum Metallspritzen und setzt nur eine andere Düse ein.

---

[1] Siehe Fußnote S. 12.

Es werden nach dem Verfahren Polythen und Thiokol verspritzt, weiterhin auch Bitumen und Schellack mit Glimmer. Die Schichten können in einem Arbeitsgang bis zu einer Stärke von 3,5 mm aufgetragen werden.

2. Das Kunststoff-Flammspritzen nach „Griesheim"[1]. Das Griesheim-Flammspritzgerät (Abb. 53) arbeitet ohne reinen Sauerstoff nur mit Preßluft von mindestens 3,5 atü und Azetylen von 0,3···0,5 atü. Verspritzt wird ein Kunststoffpulver auf der Basis von Polyäthylen, welches einer besonderen Abwandlung unterworfen wurde und unter dem Namen Lupolen H geführt wird. Es ist ungefärbt, kann jedoch auch farbig geliefert werden. Die mit Lupolen H hergestellten Überzüge sind korrosionsbeständig, wasserabweisend und wasserundurchlässig. Dazu besitzen sie gute mechanische Eigenschaften. Die Überzüge können in beliebiger Stärke aufgetragen werden. Meistens genügt jedoch eine Schichtstärke von 0,8···1,2 mm. Sie sind gegen viele chemische Angriffsmittel beständig, teilweise bis zu 60°C.

E. Sonstige Spritzverfahren.

Außer dem Verspritzen von Metallen und Kunststoffen ist man dazu übergegangen, auch andere Stoffe zu verspritzen, so z. B. Bitumen, Email und neuerdings sogar Faserstoffe. Diese Verfahren gehören jedoch mehr in das Gebiet der Farbspritztechnik und sollen daher hier nicht erörtert werden.

VIII. Die Wirtschaftlichkeit des Metallspritzverfahrens.

Unter Anerkennung der mannigfaltigen Vorteile des Metallspritzverfahrens ist letzten Endes die Wirtschaftlichkeit von entscheidender Bedeutung. Bei Anwendung des Verfahrens ist daher immer zu prüfen, ob die entstehenden Kosten noch wirtschaftlich sind. Die Preise, die hier eingesetzt sind, können naturgemäß großen Schwankungen unterworfen sein. Sie müssen jeweils in der Praxis nach oben oder unten korrigiert werden. Das gleiche gilt auch für die angegebenen Verbrauchszahlen.

1. Einfluß der Werkstückgröße. Bei Tauchverfahren und galvanischen Verfahren erfordern größere Werkstücke größere Anlagen an Behältern und Bädern. Dies bedingt ein Ansteigen der Kosten. Beim Metallspritzen werden dagegen die Kosten je Quadratmeter gespritzter Fläche nicht größer. Weiter ist zu beachten, daß die Anwendung der erstgenannten Verfahren durch die zur Verfügung stehende Badgröße begrenzt ist. Die Anwendung des Metallspritzverfahrens ist also einmal von der Werkstückgröße unabhängig und zweitens aus obigen Gründen mit wachsender Werkstückgröße wirtschaftlicher.

2. Vergleich zwischen Spritz- und Anstricharbeiten. Bei Spritzarbeiten zum Zwecke des Korrosionsschutzes liegen die Kosten meist über denen des Anstrichverfahrens. Jedoch ist dies für die Wirtschaftlichkeit nicht ausschlaggebend, wie das nachfolgende Kalkulationsbeispiel zeigt.

Anstrich.
    Laut Bundesbahnvorschrift (Ro St 1950)
    Sandstrahlentrostung metallrein . . . . 1,15 DM/m²
    2 Grundanstriche Bleimennige . . . . 1,95 „ „
    2 Deckanstriche Eisenglimmer . . . . 2,50 „ „
                                              5,60 DM/m²

Spritzverzinkung.
    Sandstrahlententrostung metallblank . . . . . 2,10 DM/m²
    Zinkaufspritzung 0,1 mm stark . . . . 5,50 „ „
                                              7,60 DM/m²

---
[1] Prospekt der Fa. „Griesheim-Autogen", Frankfurt/M., Kriftelterstr. 1—48.

Die Kosten der Spritzverzinkung liegen also um etwa 36% über den Kosten eines Farbanstriches. Erhält der Zinküberzug noch einen Deckanstrich, so erhöhen sich die Kosten um etwa 1,20 DM/m² auf 8,10 DM/m² und liegen damit um 57% über den Anstrichkosten. Bei Berücksichtigung der Vorteile einer Spritzverzinkung zeigt sich jedoch deutlich, daß die Wirtschaftlichkeit trotzdem gegeben ist. Die Vorteile sind:

1. Bei vorsichtigster Beurteilung eine mindestens dreifache Dauer der Schutzwirkung.
2. Kein Sandstrahlen bei Erneuerung des Deckanstriches.
3. Ausgezeichnete Haftung des Farbüberzuges.

3. Die Kosten der Spritzauftragungen unterteilen sich in die Anlagekosten und Betriebskosten[1].

a) Die Anlagekosten setzen sich zusammen aus den Anschaffungs- und Instandhaltungskosten der Metallspritzanlage und den Raumkosten. Sie sind natürlich für die einzelnen Fabrikate etwas unterschiedlich.

Im nachfolgenden sind ungefähre Mittelwerte für ein Gleichdruckgerät mit Preßluftturbine angenommen:

1. 1 vollständige Metallspritzpistole . . . etwa 1200,— DM
2. 1 Satz Schläuche etwa 3×6m = 18m .   ,,   45,— ,,
3. 1 Reduzierventil für Sauerstoff. . . .   ,,   50,— ,,
4.   ,,   ,, Gas . . . . . .   ,,   50,— ,,
5. 2 Rückschlagpatronen . . . .   ,,   20,— ,,
6. 1 Kompressor mit Antriebsmotor . .   ,, 3000,— ,,
7. 1 Öl- und Wasserabscheider . . . .   ,,   80,— ,,
8. 1 Drahtspulvorrichtung . . . .   ,,   80,— ,,
9. 1 Spritzkabine mit Exhaustor . . . .   ,,   600,— ,,
10. 1 Drehvorrichtung . . . .   ,, 1000,— ,,

                                                 6125,— DM

Diese Kosten müssen teils in einem Jahr und teils in etwa 10 Jahren abgeschrieben werden. In einem Jahre sind die Positionen 1···5 im Gesamtbetrage von 1365 DM zweckmäßig ganz abzuschreiben. Wird das Jahr zu 280 Arbeitstagen gerechnet und angenommen, daß die Anlage durchschnittlich 5 Stunden täglich in Betrieb ist, so ergibt sich hierfür eine stündliche Abschreibungssumme von $\frac{1365}{280 \cdot 5} \approx 1 \text{ DM/h}$.

Die übrigen Pos. in Höhe von 4760,— DM können in etwa 10 Jahren abgeschrieben werden. Unter Annahme der gleichen Ausnutzung ergibt sich eine stündliche Abschreibung von $\frac{4760}{10 \cdot 280 \cdot 5} \approx 0{,}34 \text{ DM/h}$.

Die Anlageabschreibungen betragen demnach je Betriebsstunde etwa 1,34 DM. Rechnet man dazu die Zinsen für das Anlagekapital mit 8%, also $8 \cdot 61{,}25 \approx$ 500,— DM/Jahr, somit für eine Betriebsstunde

$$\frac{500}{280 \cdot 5} = 0{,}36 \text{ DM},$$

so betragen die *Kapitalkosten* je Betriebsstunde 1,34 + 0,36 = 1,70 DM.

Die Raum- und Instandhaltungskosten sind hierbei nicht berücksichtigt, sondern sollen in den Gemeinkosten enthalten sein.

---
[1] Siehe auch FRITZ, I. C.: Über die Kosten beim Flammspritzen. Metalloberfläche (1951) H. 8.

b) Betriebskosten. Diese Kosten setzen sich aus den Kosten der verbrauchten Betriebsstoffe zusammen. Als mittlere Werte seien hier die nachfolgenden Selbstkosten je Stunde angenommen.

Preßluft 4 kWh	1,20 DM
Azetylen 1,5 m³	3,75 ,,
Sauerstoff 0,75 m³	0,60 ,,
Arbeitslohn	1,50 ,,
etwa 200% Gemeinkosten.	3,— ,,
	10,— DM

Hinzu kommen noch die Kosten des je Stunde verspritzten Drahtes.

c) Die **Gesamtkosten** setzen sich aus Kapitalkosten und Betriebskosten zusammen und betragen ohne Berücksichtigung der Drahtkosten ungefähr je Stunde

Kapitalkosten . . . . etwa	1,70 DM
Betriebskosten . . . . ,,	10,— ,,
Gesamtkosten . . . . etwa	11,70 DM.

Hinzu kommen noch die Kosten des verspritzten Drahtes, z. B. bei Spritzverzinkung (verspritzte Menge Zinkdraht je Stunde etwa 8 kg):

8 kg je 2,— DM (Preis vom 1.1.50) = 16,— DM

Es ergeben sich insgesamt: 11,70 DM.
　　　　　　　　　　　　　　　 16,— ,,
　　　　　　　　　　　　　　 27,70 DM je Betriebsstunde.

Teilt man die Kosten je Stunde durch die in einer Stunde zu verarbeitende Fläche von etwa 6 m², so erhält man die

$$\text{Selbstkosten} = \frac{27{,}70}{6} = 4{,}62\,\text{DM/m}^2.$$

Dieser Selbstkostenbetrag je Quadratmeter Spritzverzinkung gilt für die hier angenommenen mittleren Werte und kann sich bei den einzelnen Pistolensystemen etwas verschieben von etwa 3,50···5,50 DM/m². Bei Verwendung von anderen Metallen ergeben sich entsprechend andere Werte. Die Kosten für das Sandstrahlen betragen etwa 2,—···3,— DM/m² je nach Beschaffenheit und Form der Werkstückoberfläche.

IX. Nachtrag.

Während der Drucklegung des vorgenannten Werkstattbuches sind noch einige neuere Ergebnisse bekanntgeworden, die infolge des schon geschehenen Umbruchs nur in Form eines Nachtrages berücksichtigt werden können.

Auf *Seite 10* sind in Tab. 1. ,,Spezifische Gewichte und Schmelzpunkte der für das Metallspritzverfahren gebräuchlichsten Metalle in Drahtform'' noch die Werte für die Pulvermetalle nachzutragen. Bei Pulvermetallen wird nicht das spez. Gewicht, sondern die Fülldichte in g/cm³ als Kennzeichnung genannt:

Sn — Bz 5	*Fülldichte*	3,7 g/cm³,	wenn	spratzig
Sn — Bz 5	,,	4,9	,,	,,	kugelig
Sn — Bz 9	,,	3,4	,,	,,	spratzig
Sn — Bz 9	,,	4,8	,,	,,	kugelig
Ms 60	,,	2,8	,,	,,	spratzig
Ms 70	,,	3,1	,,	,,	,,

Nachtrag.

		Fülldichte	4,6 g/cm³,	wenn	kugelig
Ms 70					
Ms 90		,,	3,2 ,,	,,	spratzig
Rg 5		,,	2,2 ,,	,,	,,
Pb — Bz 30		,,	5,1 ,,	,,	,,
Pb — Sn — Bz 20		,,	4,1 ,,	,,	,,
Al 99,5		,,	1,2 ,,	,,	,,
Pb 99,99		,,	5,5 ,,	,,	,,
Zn 99,9		,,	5,3 ,,	,,	,,
Cu 99,9		,,	5,2 ,,	,,	kugelig
Sn 99,9		,,	3,9 ,,	,,	kugelig oder spratzig.

Ohne die vorgenannten NE-Metalle, die in Pulverform verspritzt werden, werden über die Tabelle 1 hinaus noch eine Reihe von Untergruppen von Legierungen verspritzt, u. a.:

Ms 58 bis Ms 90 mit allen Tombakgruppen und Sonderlegierungen, sowie Walz-, Mangan-, Isema-, Zinn-, Alu-, Phosphor-, Blei-Bronzen und Resistin.

Weißmetalle, wie WM 80, WM 70, WM 50, WM 42 usw. und Kupfer-, Nickel-, Alu-, Zink-, Zink-Kupfer-Legierungen, wie auch Konstantan, Molybdän, Armco-Eisen, martensitische Stahlqualitäten bis 450 HB und die Alu-Legierungen.

Auf *Seite 26* ist bei der Aufzählung der Verfahren zur Vorbereitung der zu bespritzenden Unterlage zwischen Abschnitt 5 und 6 folgendes nachzutragen:

Aufrauhung durch elektrischen Lichtbogen. Mit einem Elektro-Aufrauhgerät, in der Regel bis 6 Wolframelektroden von etwa 3 mm ⌀ spannend, mit Preßluftzufuhr, wird das betreffende aufzurauhende Maschinenteil, meistens eine Kurbelwelle, also gehärtete Wellen usw., nach Anschluß über einen handelsüblichen Umspanner, laufend, bewegend berührt; hierbei ergeben sich auf der Berührungsoberfläche kleine Unregelmäßigkeiten, deren Rauhigkeit für eine Spritzgutverklammerung ausreichend ist.

Zu *Seite 37*: Nach Meinung der Firma Roland Fienemann, Hamburg, ist die Härte der durch das Metallspritzverfahren erzeugten Stahlschicht praktisch unabhängig vom Mischungsverhältnis Sauerstoff zu Azetylen. Eine Steigerung der Gas- und Sauerstoffmenge hat somit keinen Einfluß auf die Härte der Spritzschicht.

Die Härte gespritzter Stahlschichten erreicht bei etwa 150 bis 250 mm Spritzabstand ihren Höchstwert. Das Verhältnis zwischen der Geschwindigkeit der Teilchen, ihrer Auftreff-Temperatur und der Abkühlungsgeschwindigkeit ist also für diese Entfernungen besonders günstig.

Die Korngröße der Spritzteilchen ist wesentlich bestimmt vom Drahtvorschub, Mischungsverhältnis und Ausströmgeschwindigkeit der Luft aus der Düse. Bei konstantem Drahtvorschub und konstanter Ausströmgeschwindigkeit ist die durchschnittliche Teilchengröße wesentlich vom Mischungsverhältnis Sauerstoff zu Azetylen und damit von der erzielten Flammentemperatur abhängig.

Der Oxydgehalt der gespritzten Stahlschichten nimmt mit wachsendem Spritzabstand zu. Die Oxydbildung ist bei kleineren Spritzabständen an den Randzonen des Spritzkegels erheblich höher als in der Kernzone.

Zu *Seite 43*: Im Abschnitt 4. **Nickel und säurebeständige Stähle**, ist noch zu ergänzen:

Nichtrostende Stähle werden nur dann verspritzt, wenn eine spanabhebende Bearbeitung nach dem Verspritzen möglich ist, da nur eine glatte Oberfläche einen ausreichenden Schutz bietet. Die Verhältnisse sind die gleichen wie beim Verschweißen von Cr-Ni-Blechen. Auch diese bieten nur einen ausreichenden Schutz, wenn die Naht nachträglich sauber bearbeitet werden kann.

Wellen, Zylinder usw., also Teile, die spanabhebend bearbeitet werden können, haben sich für Neufertigung und Regenerierung durch Spritzverfahren mit nichtrostenden Stählen bestens bewährt.

Im Behälterbau kann es vorkommen, daß große Flächen nachgearbeitet werden müssen. Dies ist aber nur möglich durch von Hand geführte Schleifteller mit flexibler Welle.

Cr-Ni-Spritzdrähte müssen unbedingt mit neutraler Flamme verspritzt werden, da sich sonst Chromoxyde bilden und eine unzulässige Erhöhung des Kohlenstoffgehaltes eintritt.

Die Auftragsstärke soll mindestens 1,8 bis 2,0 mm betragen, da man für die nachfolgende spanabhebende Bearbeitung eine Zugabe von 0,6 bis 0,8 mm anrechnen muß. Hieraus ergibt sich, daß sehr oft eine Plattierung billiger ist. Dies ist von Fall zu Fall zu entscheiden.

Wenn es sich um Teile handelt, die durch Drehen nachbearbeitet werden können, ist die Auftragung von nichtrostenden Stählen immer lohnend.

SPRINGER-VERLAG / BERLIN · GÖTTINGEN · HEIDELBERG

Die Zerspanbarkeit der metallischen und nichtmetallischen Werkstoffe. Von Dr.-Ing. habil. **Karl Krekeler,** Professor a. d. Techn. Hochschule Aachen. Mit 148 Abbildungen. XII, 358 Seiten. 1951. Ganzleinen DM 34.50

Die Zerspanbarkeit der Werkstoffe. Von **K. Krekeler,** Aachen. (Werkstattbücher für Betriebsangestellte, Konstrukteure und Facharbeiter. Herausgeber: Dr.-Ing. H. Haake, Hamburg, Heft 61). Dritte, verbesserte Auflage. Mit 70 Abbildungen und zahlreichen Tabellen im Text. 64 Seiten. 1949. DM 3.60

Öl im Betrieb. Von **K. Krekeler** und **P. Beuerlein.** (Werkstattbücher für Betriebsangestellte, Konstrukteure und Facharbeiter. Herausgeber: Dr.-Ing. H. Haake, Hamburg, Heft 48). Dritte, verbesserte Auflage. Mit 55 Abbildungen im Text. Etwa 56 Seiten. (In Vorbereitung). DM 3.60

Farbspritzen. Verfahren, Stoffe und Einrichtungen. Von Obering. **R. Klose.** (Werkstattbücher für Betriebsangestellte, Konstrukteure und Facharbeiter. Herausgeber: Dr.-Ing. H. Haake, Hamburg, Heft 49). Zweite, verbesserte Auflage. Mit 109 Abbildungen. 75 Seiten. 1951. DM 3.60

Anstrichstoffe und Anstrichverfahren mit besonderer Berücksichtigung der Untergrund- und Zwischengrundbehandlung. Von Obering. **R. Klose.** (Werkstattbücher für Betriebsangestellte, Konstrukteure und Facharbeiter. Herausgeber: Dr.-Ing. H. Haake, Hamburg, Heft 103). Mit 49 Abbildungen. 59 Seiten. 1951. DM 3.60

Maschinelle Handwerkzeuge. Von Baurat **H. Graf.** (Werkstattbücher für Betriebsangestellte, Konstrukteure und Facharbeiter. Herausgeber: Dr.-Ing. H. Haake, Hamburg, Heft 79). Zweite Auflage. Mit 124 Abbildungen und 6 Tabellen im Text. 60 Seiten. 1950. DM 3.60

Rezepte für die Werkstatt. Von **F. Spitzer.** (Werkstattbücher für Betriebsangestellte, Konstrukteure und Facharbeiter. Herausgeber: Dr.-Ing. H. Haake, Hamburg, Heft 9). Fünfte, neubearbeitete Auflage. 64 Seiten. 1948. DM 3.60

Messung der Oberflächengüte. Ihre praktische Anwendung auf die Funktion zusammenarbeitender Teile. Von Dr.-Ing. **Georg Schlesinger** †, ehemals Professor an der Technischen Hochschule Berlin-Charlottenburg. Mit 154 Abbildungen und vielen Zahlentafeln. VIII, 248 Seiten. 1951. Ganzleinen DM 31.50

Zu beziehen durch jede Buchhandlung

SPRINGER-VERLAG / BERLIN · GÖTTINGEN · HEIDELBERG

Korrosionstabellen metallischer Werkstoffe geordnet nach angreifenden Stoffen. Von Dr. techn. **Franz Ritter**, Leoben-Linz. Dritte, erweiterte Auflage. Mit 29 Textabbildungen. IV, 283 Seiten. 1952. (Springer-Verlag, Wien). Ganzleinen DM 34.50

Lehrbuch der allgemeinen Metallkunde. Von Dr. **Georg Masing**, o. ö. Professor an der Universität Göttingen, Direktor des Instituts für Allgemeine Metallkunde Göttingen. Unter Mitwirkung von Dr. **Kurt Lücke**, Assistent am Institut für Allgemeine Metallkunde Göttingen. Mit 495 Abbildungen. XV, 620 Seiten. 1950.
DM 56.—; Ganzleinen DM 59.60

Grundlagen der Metallkunde in anschaulicher Darstellung. Von Dr. **Georg Masing**, o. ö. Professor an der Universität Göttingen, Direktor des Instituts für Allgemeine Metallkunde Göttingen. Dritte, verbesserte Auflage. Mit 140 Abbildungen. VIII, 148 Seiten. 1951. Steif geheftet DM 12.60

Hitzehärtbare Kunststoffe (Duroplaste). Von Dr. **Andreas Nielsen**†, Hamburg. (Werkstattbücher für Betriebsangestellte, Konstrukteure und Facharbeiter. Herausgeber: Dr.-Ing. H. Haake, Hamburg, Heft 109). Mit 123 Abbildungen. 60 Seiten. 1952. DM 3.60

Kunstharzpreßstoffe und andere Kunststoffe. Eigenschaften, Verarbeitung und Anwendung. Von Oberingenieur **Walter Mehdorn**. Dritte, erweiterte Auflage. Mit 276 Abbildungen und einer Ausschlagtafel. VIII, 354 Seiten. 1949. Ganzleinen DM 36.—

Chemische Technologie der Kunststoffe in Einzeldarstellungen. Herausgegeben von Dipl.-Ing. Dr. techn. **Franz Kainer**.
Polyvinylchlorid und Vinylchlorid-Mischpolymerisate. Von Dipl.-Ing. Dr. techn. **Franz Kainer**, Patentanwalt in Heidelberg. Mit 61 Abbildungen. XII, 698 Seiten. 1951.
Ganzleinen DM 60.—

Werkstattstechnik und Maschinenbau

Organ der Arbeitsgemeinschaft Deutscher Betriebsingenieure
und der Arbeitsgemeinschaft für fertigungstechnisches Meßwesen im VDI.

Herausgeber: Professor Dr.-Ing. **O. Kienzle**.

Behandelt werden alle werkstatttechnischen Fragen im Maschinen- und Apparatebau sowie in der Feinmechanik, Arbeitsverfahren, Verhalten der Werkstoffe bei der Verarbeitung, Werkzeugmaschinen, Werkzeuge, Vorrichtungen der spanenden und umformenden Bearbeitung, rationelle Fertigung, Normung, Austauschbau, Prüfverfahren, Meßzeuge, Werkstätteneinrichtung, Arbeitsschutz. Berichte über die Gemeinschaftsarbeit
der ADB, AFM, AWF und REFA
Bücher- und Zeitschriftenschau.

Monatlich ein Heft DIN A 4. Vierteljährlich DM 6.—

Zu beziehen durch jede Buchhandlung

Einteilung der bisher erschienenen Hefte nach Fachgebieten (Fortsetzung)

II. Spangebende Formung (Fortsetzung)

	Heft
Außenräumen. Von A. Schatz.	80
Das Schleifen und Polieren der Metalle. 4. Aufl. Von O. Werkmeister.	5
Spitzenloses Schleifen I — Maschinenaufbau und Arbeitsweise —. Von W. Hofmann	97
Spitzenloses Schleifen II — Zusatzvorrichtungen, Genauigkeits- und Schönheitsschliff — Von W. Hofmann.	107
Läppen. Von H. H. Finkelnburg.	105
Werkzeugschleifen. Von A. Rottler.	94
Feilen. Von B. Buxbaum.	46
Das Sägen der Metalle. 2. Aufl. Von J. Hollaender.	40
Die Fräser. 4. Aufl. Von E. Brödner.	22
Das Fräsen. 2. Aufl. Von Dipl.-Ing. H. H. Klein.	88
Die wirtschaftliche Verwendung von Einspindelautomaten. 2. Aufl. Von H.H.Finkelnburg	81
Die wirtschaftliche Verwendung von Mehrspindelautomaten. 2. Aufl. Von H.H.Finkelnburg	71
Werkzeugeinrichtungen auf Einspindelautomaten. 2. Aufl. Von F. Petzoldt.	83
Werkzeugeinrichtungen auf Mehrspindelautomaten. Von F. Petzoldt (Im Druck).	95
Maschinen und Werkzeuge für die spangebende Holzbearbeitung. 2. Aufl. Von H. Wichmann.	78

III. Spanlose Formung

Freiformschmiede I — Grundlagen, Werkstoff der Schmiede, Technologie des Schmiedens —. 4. Aufl. Von F. W. Duesing und A. Stodt (Im Druck).	11
Freiformschmiede II — Konstruktion und Ausführung von Schmiedestücken. Schmiedebeispiele —. 3. Aufl. Von A. Stodt	12
Freiformschmiede III — Einrichtung u. Werkzeuge der Schmiede—. 2. Aufl. Von A. Stodt	56
Gesenkschmieden von Stahl I — Technologische Grundlagen der Gestaltung von Schmiedestücken und Schmiedewerkzeugen —. 3. Aufl. Von H. Kaessberg.	31
Gesenkschmieden von Stahl II — Die Gestaltung der Schmiedewerkzeuge —. 2. Aufl. Von H. Kaessberg.	58
Das Pressen der Metalle. Von A. Peter.	41
Die Herstellung roher Schrauben I — Anstauchen der Köpfe —. Von J. Berger.	39
Stanztechnik I — Schnittechnik —. 2. Aufl. Von E. Krabbe (Im Druck).	44
Stanztechnik II — Die Bauteile des Schnittes —. Von E. Krabbe.	57
Stanztechnik III — Grundsätze für den Aufbau von Schnittwerkzeugen—. Von E. Krabbe	59
Stanztechnik IV — Formstanzen —. 2. Aufl. Von W. Sellin.	60
Die Ziehtechnik in der Blechbearbeitung. 3. Aufl. Von W. Sellin.	25
Hydraulische Preßanlagen für die Kunstharzverarbeitung. 2. Aufl. Von H. Lindner.	82

IV. Schweißen, Löten, Gießerei

Die neueren Schweißverfahren. 7. Aufl. Von P. Schimpke.	13
Das Lichtbogenschweißen. 4. Aufl. Von E. Klosse.	43
Praktische Regeln für den Elektroschweißer. 3. Aufl. Von R. Hesse.	74
Widerstandsschweißen. 2. Aufl. Von W. Fahrenbach.	73
Das Schweißen der Leichtmetalle. 2. Aufl. Von Th. Ricken.	85
Schweißtechnische Berechnungen. Von E. Klosse.	102
Metallspritzen. Von K. Krekeler und K. Steinemer.	93
Das Löten. 3. Aufl. Von W. Burstyn.	28
Fachkunde für den Modellbau. 2. Aufl. Von E. Kadlec.	72
Der Holzmodellbau I — Allgemeines, einfachere Modelle —. 3. Aufl. Von R. Löwer.	14
Der Holzmodellbau II — Beispiele von Modellen und Schablonen zum Formen —. 3. Aufl. Von R. Löwer.	17
Modell- und Modellplattenherstellung für die Maschinenformerei. Von Fr. und Fe. Brobeck.	37
Der Gießerei-Schachtofen im Aufbau und Betrieb. 4. Aufl. Von Joh. Mehrtens.	10
Handformerei. 2. Aufl. Von F. Naumann.	70
Maschinenformerei. Von U. Lohse †. 2. Aufl. Von H. Allendorf.	66
Formsandaufbereitung und Gußputzerei. Von U. Lohse.	68

(Fortsetzung 4. Umschlagseite)